第2版

Excel
ピボットテーブル
データ集計・分析の「引き出し」が増える本

SE
SHOEISHA

木村幸子 |著|

本書内容に関するお問い合わせについて

このたびは翔泳社の書籍をお買い上げいただき、誠にありがとうございます。弊社では、読者の皆様からのお問い合わせに適切に対応させていただくため、以下のガイドラインへのご協力をお願い致しております。下記項目をお読みいただき、手順に従ってお問い合わせください。

●ご質問される前に

弊社Webサイトの「正誤表」をご参照ください。これまでに判明した正誤や追加情報を掲載しています。

正誤表　https://www.shoeisha.co.jp/book/errata/

●ご質問方法

弊社Webサイトの「刊行物Q&A」をご利用ください。

刊行物Q&A　https://www.shoeisha.co.jp/book/qa/

インターネットをご利用でない場合は、FAXまたは郵便にて、下記"翔泳社 愛読者サービスセンター"までお問い合わせください。
電話でのご質問は、お受けしておりません。

●回答について

回答は、ご質問いただいた手段によってご返事申し上げます。ご質問の内容によっては、回答に数日ないしはそれ以上の期間を要する場合があります。

●ご質問に際してのご注意

本書の対象を越えるもの、記述個所を特定されないもの、また読者固有の環境に起因するご質問等にはお答えできませんので、予めご了承ください。

●郵便物送付先およびFAX番号

送付先住所　〒160-0006　東京都新宿区舟町5
FAX番号　　03-5362-3818
宛先　　　　（株）翔泳社 愛読者サービスセンター

はじめに

　ピボットテーブルは、売上の一覧表などから商品分類、担当者、顧客といった項目を選んで集計表を作る機能です。計算式を設定しなくても合計や平均を求められる手軽さや、ドラッグするだけで表ができあがる操作性の良さが好まれ、Excel ユーザーの間では、使いこなせるようになりたい機能として必ず上位に名前が入ります。

　でも、いざ作ってみると、とりあえず合計を求めるところまではできるけれど、そこから先に進めないという人は意外に多いのです。そこで、本書では、「データ集計・分析の『引き出し』が増える本」と題して、ピボットテーブルで集計を自在に行うために知っておきたい、さまざまな操作やテクニックを幅広く解説しました。

　まずは、目次を見てください。ピボットテーブル作りの基本を見直したい方には、序章と第1章が役立つでしょう。なお、ピボットテーブルでは「リスト」と呼ばれる元表作りが肝心です。リスト作りのポイントを第2章で紹介しました。

　ピボットテーブルに慣れている方は、知りたい内容に応じて、第3章以降をご覧ください。第3章から第5章は、集計の方法や見出しを階層にするときのルール、集計結果を並べ替えたり、抽出したりする方法を紹介しています。

　続く第6章では、グラフなどピボットテーブルの内容を視覚化する際に役立つ機能を紹介しています。第7章では、ドリルダウンやダイス分析といったデータ分析の専門手法について解説しました。最後の第8章は、Access データと連携させる方法の他、PowerPivot というさらに専門的な手法を用いて、複数の表からピボットテーブルで集計する高度なテクニックを載せています。

　本書は、2018年に発行された第1版を改訂したものです。改訂に当たっては、前回ページ数の関係で収録できなかった解説や近年になって重要度が増しているテーブル関連のテクニックなどを幅広く加筆しました。

　本書が皆さんのピボットテーブル活用のさまざまな場面においてお役に立てば幸いです。

2023年7月　木村幸子

CONTENTS

序-章 これだけは知っておきたいピボットテーブルの仕組み 011

0-1 ピボットテーブルでできることとは?

0-2 ピボットテーブルの基本構成

第-1-章 集計の基本と定番パターン 023

1-1 ピボットテーブル作成の基本操作

1-2 ピボットテーブルの基本形① 見出しが1方向の集計表

1-3 ピボットテーブルの基本形② 見出しが2方向の集計表

目次

目次

目次

ダウンロードファイルについて

練習用Excelファイルをプレゼント

　本書では、ピボットテーブルのさまざまな操作方法を解説しています。練習用のExcelファイルを無料で配布しているので、ぜひご活用ください。

ダウンロード方法

①以下のサイトにアクセスしてください。

　URL https://www.shoeisha.co.jp/book/present/9784798178738

②画面に従って必要事項を入力してください（無料の会員登録が必要です）。

③表示されるリンクをクリックし、ダウンロードしてください。

ファイルについて

　上記の手順でダウンロードしたデータは、章ごとにフォルダーが分けられています。書籍の見出し番号（1-1、2-1-1など）と共通のファイル名が付いているので、操作を試してみたいファイルを選択し、利用してください。

※各ファイルは、Microsoft Excel 2021および2019、Office365で動作を確認しています。以前のバージョンでも利用できますが、一部機能が失われる可能性があります。

※各ファイルの著作権は著者が所有しています。許可なく配布したり、Webサイトに転載することはできません。

序-章

これだけは知っておきたいピボットテーブルの仕組み

0-1-1 大量のデータをすばやく分析できる

「ピボットテーブル」とは、売上一覧表などのデータをもとに、集計表をすばやく作成できる機能です。ピボットテーブルを使えば、何千行もあるような膨大なデータであっても手間をかけずにすばやく集計表が作成できます。

瞬時に大量データを集計できる

ピボットテーブルを使うと、毎日蓄積される売上記録や販売データといった大量の情報をもとにして、傾向を把握したり、集計を求めたりする作業ができます。元データとなる表が数十行であっても、何千行を超えるような大きな表であっても、ピボットテーブルなら集計や作表にかかる時間は変わりません。手作業でまとめることを考えれば、あっという間に集計表を作ることができるのです。

図0-1では、日付、顧客名、支社名や販売エリアなどを入力した日々の注文データをもとにして、2通りの集計表を作っています。このようにさまざまな集計表を必要に応じてすばやく作成できるのがピボットテーブルです。

作成後の変更も瞬時にできる

ピボットテーブルでは、一度作成した集計表の内容変更も瞬時に行うことができます。

たとえば、顧客名ごとに売上金額を集計していた表を、商品名ごとに集計するように内容を変更したい場合、図0-2のように、縦軸に配置する項目を顧客名から商品名へと入れ替えるだけで完了します。

もちろん、縦軸の項目を変更すれば、対応する金額の合計もきちんと正しい数値に変更されます。集計表を最初から作りなおす必要はありません。

図0-1 大量データから複数の集計表をすばやく作成できる

	A	B	C	D	E	F	G	H	I	J	K	L	M
1	注文コード	明細コード	日付	顧客コード	顧客名	支社名	販売エリア	商品コード	商品名	分類	単価	数量	金額
2	1101	1	2022/1/7	101	深田出版	本社	東京都内	E1001	ミネラルウォーター	その他	820	120	98,400
3	1101	2	2022/1/7	101	深田出版	本社	東京都内	E1002	コーンスープ	その他	1,500	75	112,500
4	1102	3	2022/1/7	102	寺本システム	本社	東京都内	E1001	ミネラルウォーター	その他	820	150	123,000
5	1102	4	2022/1/7	102	寺本システム	本社	東京都内	E1003	カップ麺詰め合わせ	その他	1,800	150	270,000
6	1102	5	2022/1/7	102	寺本システム	本社	東京都内	C1003	無糖コーヒー	コーヒー	2,000	450	900,000
7	1103	6	2022/1/7	103	西山フーズ	新宿支社	東京都内	T1001	煎茶	お茶	1,170	60	70,200
8	1103	7	2022/1/7	103	西山フーズ	新宿支社	東京都内	T1003	紅茶	お茶	1,800	150	270,000
9	1104	8	2022/1/7	104	吉村不動産	新宿支社	東京都内	E1001	ミネラルウォーター	その他	820	90	73,800
10	1104	9	2022/1/7	104	吉村不動産	新宿支社	東京都内	E1003	カップ麺詰め合わせ	その他	1,800	75	135,000
11	1104	10	2022/1/7	104	吉村不動産	新宿支社	東京都内	E1004	ココア	その他	1,300	15	19,500
12	1105	11	2022/1/7	105	川越トラベル	さいたま支社	北関東	E1001	ミネラルウォーター	その他	820	90	73,800
13	1105	12	2022/1/7	105	川越トラベル	さいたま支社	北関東	E1004	ココア	その他	1,300	60	78,000
14	1106	13	2022/1/7	106	森本食品	さいたま支社	北関東	C1001	ドリップコーヒー	コーヒー	2,150	300	645,000
15	1106	14	2022/1/7	106	森本食品	さいたま支社	北関東	C1002	カフェオーレ	コーヒー	1,700	300	510,000

合計 / 金額	列ラベル		
	⊞2022年	⊞2023年	総計
行ラベル			
デザインアルテ	24,124,700	6,799,800	30,924,500
吉村不動産	5,741,400	7,209,000	12,950,400
寺本システム	35,146,200	41,022,000	76,168,200
若槻自動車	8,933,800	6,324,300	15,258,100
森本食品	30,191,250	40,245,000	70,436,250
深田出版	5,702,400	6,449,700	12,152,100
西山フーズ	8,812,650	9,753,600	18,566,250
川越トラベル	4,198,800	4,503,600	8,702,400
辻本飲料販売	14,848,650	16,710,300	31,558,950
鈴木ハウジング	4,006,350	3,834,150	7,840,500
総計	141,706,200	142,851,450	284,557,650

合計 / 金額	列ラベル			
行ラベル	お茶	コーヒー	その他	総計
東京都内	18,056,250	56,760,000	45,020,700	119,836,950
南関東	31,558,950	21,513,000	24,669,600	77,741,550
北関東	6,284,250	71,992,500	8,702,400	86,979,150
総計	55,899,450	150,265,500	78,392,700	284,557,650

図0-2 集計表のレイアウト変更も瞬時にできる

Before

合計 / 金額	列ラベル		
	⊞2022年	⊞2023年	総計
行ラベル			
デザインアルテ	24,124,700	6,799,800	30,924,500
吉村不動産	5,741,400	7,209,000	12,950,400
寺本システム	35,146,200	41,022,000	76,168,200
若槻自動車	8,933,800	6,324,300	15,258,100
森本食品	30,191,250	40,245,000	70,436,250
深田出版	5,702,400	6,449,700	12,152,100
西山フーズ	8,812,650	9,753,600	18,566,250
川越トラベル	4,198,800	4,503,600	8,702,400
辻本飲料販売	14,848,650	16,710,300	31,558,950
鈴木ハウジング	4,006,350	3,834,150	7,840,500
総計	141,706,200	142,851,450	284,557,650

After

合計 / 金額	列ラベル		
	⊞2022年	⊞2023年	総計
行ラベル			
カップ麺詰め合わせ	12,123,000	13,581,000	25,704,000
カフェオーレ	17,068,000	16,957,500	34,025,500
コーンスープ	6,412,500	7,222,500	13,635,000
ココア	2,262,000	2,671,500	4,933,500
ドリップコーヒー	26,875,000	23,865,000	50,740,000
ミネラルウォーター	16,186,800	17,933,400	34,120,200
紅茶	14,148,000	15,957,000	30,105,000
煎茶	9,090,900	10,021,050	19,111,950
麦茶	3,240,000	3,442,500	6,682,500
無糖コーヒー	34,300,000	31,200,000	65,500,000
総計	141,706,200	142,851,450	284,557,650

0-1-2 数式や関数を使わずに 集計表を作成できる

一般に、商品名や顧客名ごとに売上金額などを集計するには、関数や計算式を使います。しかし、ピボットテーブルでは、数式などを組み立てることなく集計を実行できます。そのため、計算式の知識がなくても、基本となる集計表を作ることができます。

縦軸や横軸を指定するだけで集計できる

ピボットテーブルの「ピボット」とは、英語の「Pivot」に由来しています。これは、「軸を中心に回る」という意味の言葉です。軸とは「縦軸」や「横軸」、つまり縦方向と横方向の項目見出しを指しています。

ピボットテーブルでは、縦軸や横軸にどんな内容を配置するかを指定すれば、自動的に集計表ができあがります。

通常、表の項目を集計するには関数や数式を入力しますが、ピボットテーブルでその必要はありません。合計や平均を求める程度の集計表であれば、関数に詳しくなくても十分に作成できます。

図0-3では、縦軸の項目見出しには販売エリアを配置し、横軸には商品分類を配置しています。このように軸の内容を指定すれば、それに該当する数値データは自動的に集計されます。

図0-3 「縦軸」と「横軸」に項目を指定するだけで集計できる

合計 / 金額	列ラベル			
行ラベル	お茶	コーヒー	その他	総計
東京都内	18,056,250	56,760,000	45,020,700	119,836,950
南関東	31,558,950	21,513,000	24,669,600	77,741,550
北関東	6,284,250	71,992,500	8,702,400	86,979,150
総計	55,899,450	150,265,500	78,392,700	284,557,650

横軸

縦軸　ピボット（Pivot）=「軸」

元の表の列を選ぶだけで集計表が作れる

　ピボットテーブルを作成するときには、縦軸や横軸など、ピボットテーブルのそれぞれの部分にどんな内容を配置するかを、集計元になる表の列で指定します。

　図0-4では、元の表の中から、枠で囲んだ4つの列の内容をピボットテーブルでの集計に使っています。列を選ぶだけでよいので、計算式を設定する面倒な作業は必要ありません。

　なお、ピボットテーブルの各部の名称については、0-2-1で説明します。ここでは、元になる表の列を選びさえすれば、集計表ができることをざっくりと理解しましょう。

図0-4　元の表の列を選ぶだけで集計表が作れる

元の表

	A	B	C	D	E	F	G	H	I	J	K	L	M
1	注文コード	明細コード	日付	顧客コード	顧客名	支社名	販売エリア	商品コード	商品名	分類	単価	数量	金額
2	1101	1	2022/1/7	101	深田出版	本社	東京都内	E1001	ミネラルウォーター	その他	820	120	98,400
3	1101	2	2022/1/7	101	深田出版	本社	東京都内	E1002	コーンスープ	その他	1,500	75	112,500
4	1102	3	2022/1/7	102	寺本システム	本社	東京都内	E1001	ミネラルウォーター	その他	820	150	123,000
5	1102	4	2022/1/7	102	寺本システム	本社	東京都内	E1003	カップ麺詰め合わせ	その他	1,800	150	270,000
6	1102	5	2022/1/7	102	寺本システム	本社	東京都内	C1003	無糖コーヒー	コーヒー	2,000	450	900,000
7	1103	6	2022/1/7	103	西山フーズ	新宿支社	東京都内	T1001	煎茶	お茶	1,170	60	70,200
8	1103	7	2022/1/7	103	西山フーズ	新宿支社	東京都内	T1003	紅茶	お茶	1,800	150	270,000
9	1104	8	2022/1/7	104	吉村不動産	新宿支社	東京都内	E1001	ミネラルウォーター	その他	820	90	73,800
10	1104	9	2022/1/7	104	吉村不動産	新宿支社	東京都内	E1003	カップ麺詰め合わせ	その他	1,800	75	135,000
11	1104	10	2022/1/7	104	吉村不動産	新宿支社	東京都内	E1004	ココア	その他	1,300	15	19,500
12	1105	11	2022/1/7	105	川越トラベル	さいたま支社	北関東	E1001	ミネラルウォーター	その他	820	90	73,800
13	1105	12	2022/1/7	105	川越トラベル	さいたま支社	北関東	E1004	ココア	その他	1,300	60	78,000
14	1106	13	2022/1/7	106	森本食品	さいたま支社	北関東	C1001	ドリップコーヒー	コーヒー	2,150	300	645,000
15	1106	14	2022/1/7	106	森本食品	さいたま支社	北関東	C1002	カフェオーレ	コーヒー	1,700	300	510,000

ピボットテーブル

	A	B	C	D	E
1	分類	(すべて)			
2					
3	合計 / 金額	列ラベル			
4	行ラベル	東京都内	南関東	北関東	総計
5	カップ麺詰め合わせ	21,384,000	4,320,000		25,704,000
6	カフェオーレ	510,000	3,553,000	29,962,500	34,025,500
7	コーンスープ	6,772,500	6,795,000	67,500	13,635,000
8	ココア	702,000		4,231,500	4,933,500
9	ドリップコーヒー		9,460,000	41,280,000	50,740,000
10	ミネラルウォーター	16,162,200	13,554,600	4,403,400	34,120,200
11	紅茶	13,878,000	16,173,000	54,000	30,105,000
12	煎茶	4,124,250	8,757,450	6,230,250	19,111,950
13	麦茶	54,000	6,628,500		6,682,500
14	無糖コーヒー	56,250,000	8,500,000	750,000	65,500,000
15	総計	119,836,950	77,741,550	86,979,150	284,557,650
16					

0-2-1 ピボットテーブルの各部の名称

ピボットテーブルは、「レポートフィルター」、「行ラベル」、「列ラベル」、「値」という4つのエリアで構成されています。まずは、それぞれの名称と役割を頭に入れましょう。

ピボットテーブルの4つのエリア

ピボットテーブルには、下記のような4つの領域があります。

レポートフィルター

左上端の領域を「レポートフィルター」と呼びます。ここに項目を指定すると、その項目でピボットテーブルの集計結果を抽出できます。

図0-5では、A1セルに「分類」と表示されています。「コーヒー」、「お茶」などの商品分類で抽出できるようにフィルターを設定した状態です。なお、レポートフィルターは必須ではなく、必要なときだけ設定します。

行ラベル

表の左端にある、縦に並んだ項目見出しの部分を「行ラベル」と言います。ここには、縦方向に並べたい項目見出しを設定します。図0-5では、商品名が行ラベルに設定されています。

列ラベル

表の一番上に、横に並んだ項目見出しの部分を「列ラベル」と言います。ここには、横方向に並べたい項目見出しを指定します。図0-5では、「東京都内」「南関東」といった販売エリアが指定されています。

値

右下の数値が並んだ部分を「値」と呼びます。ここには、ピボットテーブ

左側余白：

ルの集計結果が表示されます。**図0-5**では、売上金額の合計が表示されています。

　なお、集計結果は、行ラベルや列ラベルの項目に該当する数値が、それぞれ交差する位置のセルに表示されます。たとえば、B5セルに表示された「21,384,000」という結果は、行ラベルの商品名が「カップ麺詰め合わせ」で、列ラベルの販売エリアが「東京都内」となっています。つまり、「21,384,000」は、「カップ麺詰め合わせ」という商品の「東京都内」での売上金額を合計した結果となります。

図0-5　ピボットテーブルの各部の名称

	A	B	C	D	E
1	分類	(すべて) ▼	レポートフィルター		
2					
3	合計 / 金額	列ラベル ▼			
4	行ラベル ▼	東京都内	南関東	北関東	総計
5	カップ麺詰め合わせ	21,384,000	4,320,000		25,704,000
6	カフェオーレ	510,000	3,553,000	29,962,500	34,025,500
7	コーンスープ	6,772,500	6,795,000	67,500	13,635,000
8	ココア	702,000		4,231,500	4,933,500
9	ドリップコーヒー		9,460,000	41,280,000	50,740,000
10	ミネラルウォーター	16,162,200	13,554,600	4,403,400	34,120,200
11	紅茶	13,878,000	16,173,000	54,000	30,105,000
12	煎茶	4,124,250	8,757,450	6,230,250	19,111,950
13	麦茶	54,000	6,628,500		6,682,500
14	無糖コーヒー	56,250,000	8,500,000	750,000	65,500,000
15	総計	119,836,950	77,741,550	86,979,150	284,557,650
16					

列ラベル　　　値　　　行ラベル

「ピボットテーブルのフィールド」作業ウィンドウ

　ピボットテーブルの作成には、「ピボットテーブルのフィールド」作業ウィンドウを使います。この作業ウィンドウは上下に分かれていて、上半分を「フィールドセクション」、下半分を「エリアセクション」と呼びます。それぞれの内容は次の通りです（**図0-6**）。

フィールドセクション

元の表の列のことを「フィールド」と言います。フィールドセクションは、ピボットテーブルで使用する列を選ぶための領域です。

フィールドセクションには、「注文コード」、「明細コード」、「日付」、「顧客コード」といった項目がチェックボックスの形式で並びます。この項目は元の表の列見出しに対応するもので、「フィールド名」と言います。ピボットテーブルで使われているフィールド名にはチェックが入ります。

図0-6　フィールドセクションとエリアセクション

エリアセクション

「ピボットテーブルのフィールド」作業ウィンドウの下半分を**「エリアセクション」**と呼びます。「エリアセクション」には、**「フィルター」**、**「列」**、**「行」**、**「値」**という4つの欄が箱のように並んでいます。この部分を**「ボックス」**と呼びます。

この4つのボックスには、上のフィールドセクションから選んだフィールド名を指定します。指定したフィールドの内容がピボットテーブルに表示される仕組みになっています。

なお、エリアセクションの4つのボックスは、ピボットテーブルを構成する4つの領域に対応しています。

図0-7を見てください。エリアセクションの「フィルター」ボックスはピボットテーブルの「レポートフィルター」に当たります。

同様に、「行」ボックスは「行ラベル」に、「列」ボックスは「列ラベル」にそれぞれ該当します。また、「値」ボックスはピボットテーブルでも同じ「値」のエリア、つまり集計の結果となる数字が表示される最も重要な部分に当たります。

図0-7　エリアセクションの欄はピボットテーブルの各部に対応

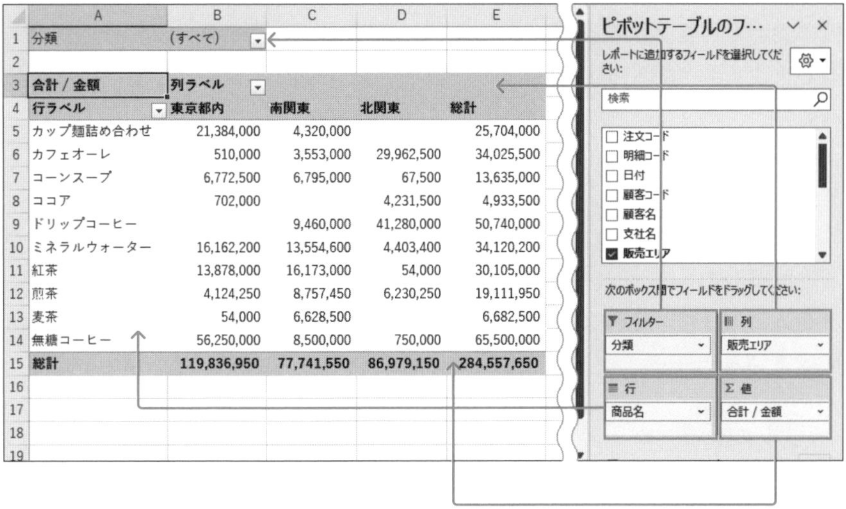

	A	B	C	D	E
1	分類	(すべて)			
2					
3	合計 / 金額	列ラベル			
4	行ラベル	東京都内	南関東	北関東	総計
5	カップ麺詰め合わせ	21,384,000	4,320,000		25,704,000
6	カフェオーレ	510,000	3,553,000	29,962,500	34,025,500
7	コーンスープ	6,772,500	6,795,000	67,500	13,635,000
8	ココア	702,000		4,231,500	4,933,500
9	ドリップコーヒー		9,460,000	41,280,000	50,740,000
10	ミネラルウォーター	16,162,200	13,554,600	4,403,400	34,120,200
11	紅茶	13,878,000	16,173,000	54,000	30,105,000
12	煎茶	4,124,250	8,757,450	6,230,250	19,111,950
13	麦茶	54,000	6,628,500		6,682,500
14	無糖コーヒー	56,250,000	8,500,000	750,000	65,500,000
15	総計	119,836,950	77,741,550	86,979,150	284,557,650
16					
17					
18					
19					

0-2-2 元の表（リスト）の 各部の名称

ピボットテーブルを作成するときは、元になる表が必要です。この表のことを「リスト」と呼びます。リストの構造にはルールがあります。まずはそのルールを理解しましょう。

リストの構造

売上一覧表などのように、ピボットテーブルで集計する元のデータが入力された表を「リスト」と呼びます（図0-8）。ピボットテーブルをスムーズに作るには、このリストを正しい形式で作っておく必要があります。

リストは、「フィールド」、「レコード」、「フィールド名」で構成されています。

フィールド

リストでは、列のことを「フィールド」と呼びます。同じ列には、同じ項目の内容だけを入力します。たとえば、「顧客名」の列には、顧客名だけを入力します。商品名や担当者名など、顧客名以外の内容を入力してはいけません。

レコード

リストでは、関連のある1件のデータ内容を1行に入力します。この行のことを「レコード」と呼びます。売上データなら、1行に1件の取引のデータを入力します。1件として扱うべき取引の内容を2行に分けて入力してはいけません。

フィールド名

表の先頭行に入力された列見出しのことを「フィールド名」と呼びます。フィールド名は、「商品名」、「顧客名」などのように、それぞれのフィールドの内容がわかる簡潔な見出しを入力します。

図0-8　リストの構造

フィールド名

	A	B	C	D	E	F	G	H	I	J	K	L	M
1	注文コード	明細コード	日付	顧客コード	顧客名	支社名	販売エリア	商品コード	商品名	分類	単価	数量	金額
2	1101	1	2022/1/7	101	深田出版	本社	東京都内	E1001	ミネラルウォーター	その他	820	120	98,400
3	1101	2	2022/1/7	101	深田出版	本社	東京都内	E1002	コーンスープ	その他	1,500	75	112,500
4	1102	3	2022/1/7	102	寺本システム	本社	東京都内	E1001	ミネラルウォーター	その他	820	150	123,000
5	1102	4	2022/1/7	102	寺本システム	本社	東京都内	E1003	カップ麺詰め合わせ	その他	1,800	150	270,000
6	1102	5	2022/1/7	102	寺本システム	本社	東京都内	C1003	無糖コーヒー	コーヒー	2,000	450	900,000
7	1103	6	2022/1/7	103	西山フーズ	新宿支社	東京都内	T1001	煎茶	お茶	1,170	60	70,200
8	1103	7	2022/1/7	103	西山フーズ	新宿支社	東京都内	T1003	紅茶	お茶	1,800	150	270,000
9	1104	8	2022/1/7	104	吉村不動産	新宿支社	東京都内	E1001	ミネラルウォーター	その他	820	90	73,800
10	1104	9	2022/1/7	104	吉村不動産	新宿支社	東京都内	E1003	カップ麺	その他	1,800	75	135,000
11	1104	10	2022/1/7	104	吉村不動産	新宿支社	東京都内	E1004	ココア	その他	1,300	15	19,500
12	1105	11	2022/1/7	105	川越トラベル	さいたま支社	北関東	E1001	ミネラルウォーター	その他	820	90	73,800
13	1105	12	2022/1/7	105	川越トラベル	さいたま支社	北関東	E1004	ココア	その他	1,300	60	78,000
14	1106	13	2022/1/7	106	森本食品	さいたま支社	北関東	C1001	ドリップコーヒー	コーヒー	2,150	300	645,000

フィールド

レコード

フィールド名がフィールドセクションに表示される

0-1-2で説明したように、ピボットテーブルでは、リストの列であるフィールドを指定して集計表を作ります。その指定に使われるのがフィールド名です。

図0-9を見てください。ピボットテーブルを作成するとき、リストの先頭に入力されたフィールド名は、「ピボットテーブルのフィールド」作業ウィンドウのフィールドセクションに表示されます。この図を見ると、「注文コード」、「明細コード」といったフィールド名が、そのままフィールドセクションにも表示されています。

図0-9　フィールドセクションにリストのフィールド名が表示される

ここからピボットテーブルに配置したいフィールド名を選択すると、その列の内容をピボットテーブルに表示できる仕組みになっています。

┃ピボットテーブルは別シートに作られる

　ピボットテーブルは、元の表であるリストとは別のシートに作成されます。シートを切り替えると、すぐにリストを確認できます。ピボットテーブルを作った後も、元の表であるリストは何も変更されません。

　元の表がそのまま残っているため、売上データが増えた場合に、リストの末尾にすぐさまレコードを追加できます。また、既存のレコードの内容を訂正する場合も、同様にすぐ対応することができます。

　ピボットテーブル以外の集計方法には、元の表のレイアウトそのものを変更する機能もあります。それらの機能を使うと、新たにデータが増えたときには、いったん集計された状態を解除して、表のレイアウトを元に戻さなければならないため、手間がかかります。しかし、ピボットテーブルならこういった面倒がありません。これは毎日のデータ管理をするうえで、時間と労力の大きな節約になります。

第 - 1 - 章

集計の基本と定番パターン

1-1-1 ピボットテーブルの土台を作成する

> リストをもとにして、ピボットテーブルを作成しましょう。いきなり集計表まで一気に作るのではなく、ここではまず、集計表の土台となる部分までを作ります。

集計する前にピボットテーブルの土台を作る

ピボットテーブルを作成する手順は2段階に分かれます。第1段階では、ピボットテーブルを表示するシートを用意し、集計表作りの準備までを済ませます。そして第2段階で、行や列の見出しを指定したり、集計する数値データを選んだりして、集計表の設計を行います。

STEP 1 ピボットテーブルを新規作成する

リスト内の任意のセルをクリックし、「挿入」タブの「ピボットテーブル」をクリックします（図1-1）。

図1-1 ピボットテーブルを新規作成する

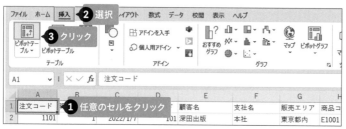

「テーブルまたは範囲からのピボットテーブル」ダイアログボックスが表示され、同時に、リストの周囲が点滅する枠で囲まれます。

さらに、「テーブル/範囲」の欄に、リスト範囲を表すセル番地が自動的に表示されます。これは、Excelがリストの範囲を自動で認識するためです。ただし、リストの途中に空行が入っていたりすると、この範囲が正しく認識されません。その場合の対処方法については、2-1-2を参照してください。

参照→ 2-1-2 空行を入れてはいけない場所を知る

次に、ピボットテーブルを配置する場所を指定します。初期設定では、リストとは別に新規シートが挿入され、そこにピボットテーブルが作られます。「新規ワークシート」が選択されているのを確認して、「OK」をクリックします（図1-2）。

図1-2　新規シートにピボットテーブルを挿入する

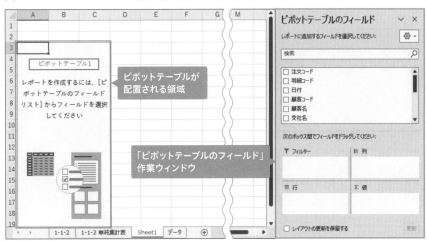

新規シートが追加され、シートの左にピボットテーブルが配置される領域が表示されます。シートの右には、「ピボットテーブルのフィールド」作業ウィンドウが表示されます（図1-3）。

図1-3　ピボットテーブルの配置領域と作業ウィンドウ

1-1-2 集計に必要なフィールドを配置する

ピボットテーブルのベースとなる部分が作成されたら、続けてピボットテーブルの本体である集計表を作りましょう。集計表を作るには、必要なフィールドをドラッグ操作で配置します。

ピボットテーブルの完成形を確認しておこう

　操作を進める前に、これから作るピボットテーブルのレイアウトをあらかじめ確認しておきましょう。

　ここでは、商品名と販売エリアの2つの内容で売上金額を合計する「クロス集計表」を作ります（図1-4）。クロス集計表の目的や役割については、1-3で紹介します。

　具体的には、行ラベルに「商品名」フィールドを配置し、列ラベルには「販売エリア」フィールドを配置します。さらに、「値」に「金額」フィールドの合計を求めます。では、実際の操作方法を見ていきましょう。

参照→ **1-3** ピボットテーブルの基本形② 見出しが2方向の集計表

図1-4　クロス集計表の完成図

合計 / 金額	列ラベル			
行ラベル	東京都内	南関東	北関東	総計
カップ麺詰め合わせ	21384000	4320000		25704000
カフェオーレ	510000	3553000	29962500	34025500
コーンスープ	6772500	6795000	67500	13635000
ココア	702000		4231500	4933500
ドリップコーヒー		9460000	41280000	50740000
ミネラルウォーター	16162200	13554600	4403400	34120200
紅茶	13878000	16173000	54000	30105000
煎茶	4124250	8757450	6230250	19111950
麦茶	54000	6628500		6682500
無糖コーヒー	56250000	8500000	750000	65500000
総計	119836950	77741550	86979150	284557650

STEP 1 行ラベルに「商品名」を追加する

まず、行ラベルに商品名の一覧を表示させましょう。「ピボットテーブルの
フィールド」作業ウィンドウの上部にあるフィールドセクションで、「商品
名」にマウスポインターを合わせて、下部のエリアセクションにある「行」
ボックスまでドラッグします（**図1-5**）。

図1-5 「商品名」を「行」ボックスにドラッグする

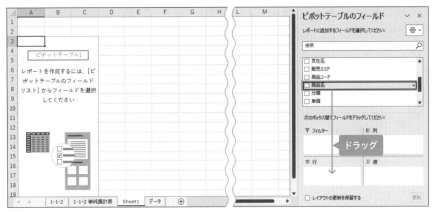

「行」ボックスに「商品名」と表示され、シートのA列には、商品名が縦に
一覧表示されます（**図1-6**）。

図1-6 「商品名」がピボットテーブルに追加された

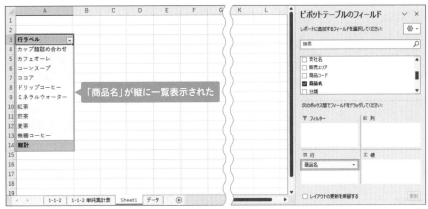

STEP 2 列ラベルに「販売エリア」を配置する

次に、列ラベルに「販売エリア」フィールドの内容を表示しましょう。

「ピボットテーブルのフィールド」作業ウィンドウのフィールドセクションで「販売エリア」にマウスポインターを合わせ、エリアセクションの「列」ボックスまでドラッグします。これで、列ラベルに「東京都内」、「南関東」、「北関東」と販売エリアが表示されます（**図1-7**）。

図1-7 「販売エリア」を表示する

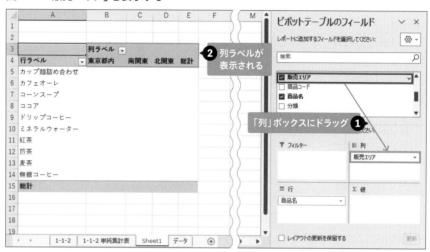

STEP 3 「値」に「金額」を配置する

最後に、「値」ボックスに「金額」フィールドを指定します。

「ピボットテーブルのフィールド」作業ウィンドウのフィールドセクションで「金額」にマウスポインターを合わせ、エリアセクションの「値」ボックスまでドラッグします。

すると、金額の合計が自動的に計算されます（**図1-8**）。これでクロス集計表ができあがりました。

なお、集計結果にカンマを付けて見やすく表示する方法については3-4-1を参照してください。

参照→ **3-4-1** 集計値に桁区切りのカンマを表示する

図1-8 金額を追加してクロス集計表が完成した

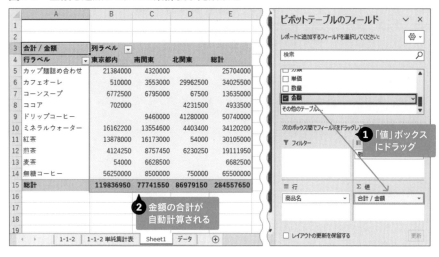

なお、エリアセクションの「行」、「列」、「値」の各ボックスにフィールドをドラッグする順番はこの通りでなくても、ピボットテーブルを作成できます。また、「フィルター」ボックスの使い方については、5-3-1を参照してください。

参照→ **5-3-1** 特定の支社などの売上データだけを集計する

👆ONE POINT

フィールドを間違えて配置してしまった場合は、ボックスの外へドラッグすれば削除できます。

⚡COLUMN 行見出しだけの集計表も作れる

「列ラベル」を設定せずに、「行ラベル」と「値」だけにフィールドを設定すると、行見出しと集計値だけが表示される「単純集計表」を作れます。たとえば、商品名が縦に並び、それぞれの商品の売上金額が右のセルに表示されるような表です。なお、単純集計表については、1-2で詳しく紹介します。

参照→ **1-2** ピボットテーブルの基本形① 見出しが1方向の集計表

1 - 2 - 1 「単純集計表」を手軽に活用しよう

ピボットテーブルで作成する集計表には、2種類の基本パターンがあります。まずは、見出しが縦方向、横方向のいずれか片方だけに設定された「単純集計表」についてここで理解しましょう。

▍単純集計表とは

ピボットテーブルで作成する集計表には、大きく分けて、「単純集計表」と「クロス集計表」の2種類があります。それぞれの違いをまず理解しましょう（クロス集計表については、1-3で詳しく説明します）。

「単純集計表」とは、項目見出しが縦、横のどちらか片方だけに設定された集計表のことです。1つの項目を基準にして売上金額や数量を集計したい場合に作成します。

実例を見てみましょう。**図1-9**では、左の列に商品名の一覧を表示して、右の列にそれぞれの商品の売上金額の合計を求めています。

図1-9　単純集計表の例（1）

商品名	金額
カップ麺詰め合わせ ──→	25,704,000
カフェオーレ	34,025,500
コーンスープ	13,635,000
ココア	4,933,500
ドリップコーヒー	50,740,000
ミネラルウォーター	34,120,200
紅茶	30,105,000
煎茶	19,111,950
麦茶	6,682,500
無糖コーヒー	65,500,000
総計	284,557,650

これを見れば、「カップ麺詰め合わせ」や「カフェオーレ」といった商品ごとの合計金額がわかります。

このように、単純集計表では、項目見出しと集計された数値が1対1で対応します。

もう1つ、単純集計表の例を見てみましょう。図1-10では、左の列に支社の一覧を表示して、右の列にそれぞれの支社の販売数量を合計しています。

これも、項目見出しが縦方向だけに設定されているので単純集計表になります。

図1-10　単純集計表の例（2）

支社	数量
さいたま支社 ⟶	45,120
浦安支社	20,650
横浜支社	37,385
新宿支社	21,945
前橋支社	6,105
本社	54,420
総計	185,625

項目見出しは横方向に設定しない

単純集計表では、「商品名」や「支社名」といった項目見出しを、縦か横のうちどちらか片方に設定します。ところが、横方向に項目を設定すると、**図1-11**のように、表が極端に横長になってしまいます。このような表は印刷や表示がしづらく、実用的ではありません。実際には、縦方向に項目見出しを設定することになります。

また、金額などの数値は縦1列に並んでいないと、上下に見比べて桁を比較しづらくなります。その意味でも、単純集計表では項目見出しが縦に並ぶレイアウトにするのがおすすめです。

図1-11　横方向に項目を設定すると見にくい

	カップ麺詰め合わせ	カフェオーレ	コーンスープ	ココア	ドリップコーヒー	ミネラルウォーター	紅茶	煎茶	麦茶	無糖コーヒー	総計
金額	25,704,000	34,025,500	13,635,000	4,933,500	50,740,000	34,120,200	30,105,000	19,111,950	6,682,500	65,500,000	284,557,650

1-2-2 ピボットテーブルで 「単純集計表」を作るには

では、実際にピボットテーブルで単純集計表を作るには、どのように設定すればいいのでしょうか。ここでは、1-2-1で紹介した2つの単純集計表を作る方法を紹介します。

商品別に金額の合計を求める単純集計表

図1-9で紹介した集計表では、商品名を左の列に、金額を右の列に表示しています。この表をピボットテーブルで作る場合は、図1-12のようにフィールドを設定します。

ピボットテーブルでは、縦方向の見出しは「行ラベル」の領域に配置しま

図1-12 商品名と金額の単純集計表の設定

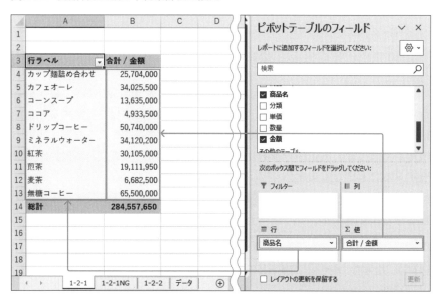

す。この表では、商品名を縦方向の見出しにするため、エリアセクションの「行」ボックスに「商品名」フィールドを配置します。これでピボットテーブルでは「行ラベル」に商品名が一覧表示されます。

　また「値」ボックスに「金額」フィールドを配置すると、表示が「合計/金額」に変わり、ピボットテーブルでは、商品名の右隣の「値」のエリアに、金額の合計が表示されます。

支社別に数量の合計を求める単純集計表

　今度は、図1-10で紹介した、支社ごとに数量の合計を求める集計表を作る場合を考えましょう。

　支社名を縦方向の見出しにするため、エリアセクションの「行」ボックスに「支社名」フィールドを配置します。また「値」ボックスに「数量」フィールドを配置します。

　これでピボットテーブルでは「行ラベル」に支社名が一覧表示され、支社名の右の「値」のエリアに、数量の合計が表示されます（図1-13）。

図1-13　支社名と数量の単純集計表の設定

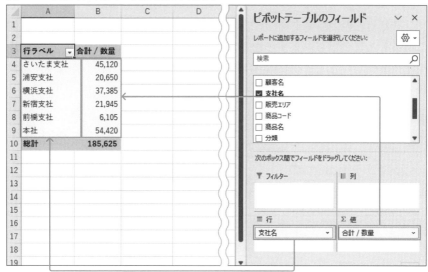

1-3-1 ピボットテーブルの主流 「クロス集計表」を覚えよう

ピボットテーブルのもう 1 つの基本形である「クロス集計表」とは、縦、横の双方に見出しを持つ集計表のことです。商品と支社のように、2 つの内容を基準にして、売上金額などを集計したいときに使います。

クロス集計表とは

「クロス集計表」とは、縦軸と横軸の両方に項目見出しを配置した集計表のことです。縦軸か横軸かの片方だけに項目を置く単純集計表では、基本的に 1 つの内容に対する集計結果を表示します。

一方、クロス集計表では、縦と横の 2 方向に見出しを配置するので、「商品名」と「支社名」、「顧客名」と「支社名」といったように 2 つの内容をもとにした集計結果を表示できます。

図1-14 では、縦軸に商品名が、横軸に支社名が表示されています。そして、それぞれの商品や支社に対応する内容の金額が、行と列の交差する位置にあるセルに合計されます。たとえば、「横浜支社」が販売した「ミネラルウォーター」の売上金額を知りたいときは、それぞれの見出しが交差する位置のセルを見れば「7,466,100」円だとわかります。

図1-14 クロス集計表の例 (1)

商品名	支社名 さいたま支社	浦安支社	横浜支社	新宿支社	前橋支社	本社	総計
カップ麺詰め合わせ		81,000	4,239,000	7,722,000		13,662,000	25,704,000
カフェオーレ	29,962,500		3,553,000	510,000			34,025,500
コーンスープ	67,500	6,795,000				6,772,500	13,635,000
ココア	4,231,500			702,000			4,933,500
ドリップコーヒー	40,473,750	9,460,000			806,250		50,740,000
ミネラルウォーター	4,403,400	6,088,500	7,466,100	4,526,400		11,635,800	34,120,200
紅茶			16,173,000	13,878,000	54,000		30,105,000
煎茶			8,757,450	4,124,250	6,230,250		19,111,950
麦茶			6,628,500	54,000			6,682,500
無糖コーヒー		8,500,000			750,000	56,250,000	65,500,000
総計	79,138,650	30,924,500	46,817,050	31,516,650	7,840,500	88,320,300	284,557,650

もう1つ、クロス集計表の例を見てみましょう。図1-15 では、縦軸に顧客名が表示され、横軸には支社名が表示されています。そして、販売数の合計が、顧客名と支社名の交差する位置に表示されています。たとえば、「横浜支社」が「若槻自動車」に対して販売した商品数量の合計は「13,550」になることがわかります。

　このように、クロス集計表では、行と列の項目が交差する（クロスする）位置にあるセルに該当する集計値が表示されます。

　なお、図1-15 で空欄のセルがあるのは、集計対象となるデータが存在しないためです。顧客ごとに担当の支社が決まっている場合、このタイプの集計表では空欄が多くなります。クロス集計表を作ると、このようにフィールド同士の関係もわかりやすくなります。

図1-15　クロス集計表の例（2）

顧客名	支社名						
	さいたま支社	浦安支社	横浜支社	新宿支社	前橋支社	本社	総計
デザインアルテ		20,650					20,650
吉村不動産				10,350			10,350
寺本システム						43,245	43,245
若槻自動車			13,550				13,550
森本食品	36,450						36,450
深田出版						11,175	11,175
西山フーズ				11,595			11,595
川越トラベル	8,670						8,670
辻本飲料販売			23,835				23,835
鈴木ハウジング					6,105		6,105
総計	45,120	20,650	37,385	21,945	6,105	54,420	185,625

1-3-2 ピボットテーブルで「クロス集計表」を作るには

実際にクロス集計表をピボットテーブルで作成する例を見てみましょう。ここでは、1-3-1で紹介した2つのクロス集計表を作る方法を紹介します。

商品名・支社名ごとに金額を合計するクロス集計表

図1-14で紹介した集計表では、商品名を縦方向、支社名を横方向の見出しに設定し、金額の合計をクロス集計しています。この表をピボットテーブルで作る場合は、図1-16のようにフィールドを設定しましょう。

縦方向の見出しは「行ラベル」、横方向の見出しは「列ラベル」にそれぞれ配置します。したがって、エリアセクションの「行」ボックスに「商品名」フィールドを、「列」ボックスには「支社名」フィールドをそれぞれ配置しましょう。

また「値」ボックスに「金額」フィールドを配置すると、商品名、支社名に該当する金額の合計が「値」のエリアの交差する位置に表示されます。

図1-16　商品名・支社名・金額のクロス集計表の設定

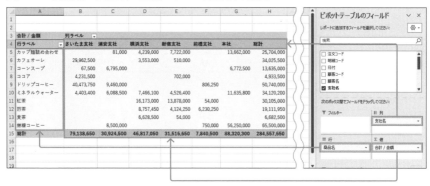

顧客名・支社名ごとに数量を合計するクロス集計表

図1-15で紹介した集計表では、顧客名を縦方向、支社名を横方向の見出しにそれぞれ設定し、数量の合計をクロス集計しています。この表を作る場合は、**図1-17**のようにフィールドを設定します。

エリアセクションの「行」ボックスに「顧客名」フィールドを、「列」ボックスには「支社名」フィールドをそれぞれ配置します。さらに「値」ボックスに「数量」フィールドを配置すると、顧客名、支社名に該当する数量の合計が「値」のエリアの交差する位置に表示されます。

図1-17 顧客名・支社名・数量のクロス集計表の設定

行ラベルと列ラベルはどう決める?

ピボットテーブルでクロス集計表を作る場合、縦方向の見出しは「行ラベル」に、横方向の見出しは「列ラベル」にそれぞれ指定します。

このとき、**項目の数が多いフィールドや、長い名称の項目が多いフィールドを行ラベルに指定すると、コンパクトで見やすい集計表になります。**

図1-18は、**図1-16**のピボットテーブルの行ラベルと列ラベルを入れ替えたものです。**図1-16**と比べると、横に間延びした印象を与えてしまいます。

図1-16では、行ラベルに「商品名」を、列ラベルに「支社名」を指定しました。項目の数が多く、長い名前も多い「商品名」フィールドは、行ラベル

に配置した方がコンパクトな集計表になることがこの例からわかります。

図1-18　行ラベルと列ラベルの設定で見やすさが変わる（悪い例）

合計／数量 行ラベル	列ラベル カップ麺詰め合わせ	カフェオーレ	コーンスープ	ココア	ドリップコーヒー	ミネラルウォーター	紅茶	煎茶	麦茶	無糖コーヒー	総計
さいたま支社		17,625	45	3,255	18,825	5,370					45,120
浦安支社	45		4,530		4,400	7,425				4,250	20,650
横浜支社	2,355	2,090				9,105	8,985	7,485	7,365		37,385
新宿支社	4,290	300		540		5,520	7,710	3,525	60		21,945
前橋支社					375		30	5,325		375	6,105
本社	7,590		4,515			14,190				28,125	54,420
総計	14,280	20,015	9,090	3,795	23,600	41,610	16,725	16,335	7,425	32,750	185,625

第-2-章

データの不備をなくすには

2-1-1 理想的なリストの レイアウトを知る

1-1の手順でピボットテーブルを作ろうとすると、エラーメッセージが表示されて作成できなかった経験はありませんか。ここでは、こういった場合に見直したいリスト作りのルールについて説明します。

リストは空白行・空白列で囲む

ピボットテーブルの集計元になるデータを入力した表を「リスト」と呼びます。

リストを作成するには、いくつかのルールがあります。ルールが守られていないリストをもとにピボットテーブルを作成すると、途中でエラーになったり、結果が明らかにおかしくなったりするトラブルにつながります。そこで、リスト作成時のルールとエラー対策について理解しましょう。

まず、**リストは空白行と空白列に囲まれるようにします。図2-1**を例にすると、L列と1087行目のセルには何も入力しないようにしましょう。これは、リストの範囲をExcelが自動的に認識しやすくするためです。

参照→ **0-2-2** 元の表（リスト）の各部の名称

図2-1　リストの周囲は空白行・空白列で囲む

	A	B	C	D	E	F	G	H	I	J	K	L
1	注文コード	明細コード	日付	顧客名	支社名	販売エリア	商品名	分類	単価	数量	金額	
2	1101	1	2022/1/7	深田出版	本社	東京都内	ミネラルウォーター	その他	820	120	98,400	
3	1101	2	2022/1/7	深田出版	本社	東京都内	コーンスープ	その他	1,500	75	112,500	
4	1102	3	2022/1/7	寺本システム	本社	東京都内	ミネラルウォーター	その他	820	150	123,000	
5	1102	4	2022/1/7	寺本システム	本社	東京都内	カップ麺詰め合わせ	その他	1,800	150	270,000	
6	1102	5	2022/1/7	寺本システム	本社	東京都内	無糖コーヒー	コーヒー	2,000	450	900,000	
7	1103	6	2022/1/7	西山フーズ	新宿支社	東京都内	煎茶	お茶	1,170	60	70,200	
8	1103	7	2022/1/7	西山フーズ	新宿支社	東京都内	紅茶	お茶	1,800	150	270,000	
1080	1578	1079	2023/12/15	デザインアルテ	浦安支社	南関東	ミネラルウォーター	その他	820	150	123,000	
1081	1578	1080	2023/12/15	デザインアルテ	浦安支社	南関東	コーンスープ	その他	1,500	150	225,000	
1082	1579	1081	2023/12/15	若槻自動車	横浜支社	南関東	ミネラルウォーター	その他	820	150	123,000	
1083	1579	1082	2023/12/15	若槻自動車	横浜支社	南関東	カップ麺詰め合わせ	その他	1,800	120	216,000	
1084	1580	1083	2023/12/15	辻本飲料販売	横浜支社	南関東	煎茶	お茶	1,170	150	175,500	
1085	1580	1084	2023/12/15	辻本飲料販売	横浜支社	南関東	麦茶	お茶	900	195	175,500	
1086	1580	1085	2023/12/15	辻本飲料販売	横浜支社	南関東	紅茶	お茶	1,800	225	405,000	
1087												
1088												

1行目から開始し、1シート1表にする

　リストの表には、タイトルは不要です。A1セルからリストを開始しましょう。**1行目にフィールド名を入力し、A列に最初のフィールドが来るようなレイアウトが理想**です。

　さらに、**1つのシートには1つのリストだけ**を作りましょう。1つのシートに複数の表が作成されている場合は、ピボットテーブルのリストとして使う表だけを残して、あらかじめ削除しておきます。

　図2-2では、1行目に「売上一覧表」というタイトルが入力されています。また、L列からN列には、もう1つ小さな表が作られています。どちらも削除が必要です。

図2-2　リストにタイトルや別の表を入れない（悪い例）

	A	B	C	D	E	F	G	H	I	J	K		L	M	N
1	●売上一覧表												●商品一覧表		
2	注文コード	明細コード	日付	顧客名	支社名	販売エリア	商品名	分類	単価	数量	金額		分類	商品名	単価
3	1101	1	2022/1/7	深田出版	本社	東京都内	ミネラルウォーター	その他	820	120	98,400		コーヒー	無糖コーヒー	2,000
4	1101	2	2022/1/7	深田出版	本社	東京都内	コーンスープ	その他	1,500	75	112,500		コーヒー	ドリップコーヒー	2,150
5	1102	3	2022/1/7	寺本システム	本社	東京都内	ミネラルウォーター	その他	820	150	123,000		お茶	煎茶	1,170
6	1102	4	2022/1/7	寺本システム	本社	東京都内	カップ麺詰め合わせ	その他	1,800	150	270,000		お茶	紅茶	1,800
7	1102	5	2022/1/7	寺本システム	本社	東京都内	無糖コーヒー	コーヒー	2,000	450	900,000		その他	ミネラルウォーター	820
8	1103	6	2022/1/7	西山フーズ	新宿支社	東京都内	煎茶	お茶	1,170	60	70,200		その他	コーンスープ	1,500
9	1103	7	2022/1/7	西山フーズ	新宿支社	東京都内	紅茶	お茶	1,800	150	270,000		その他	ミネラルウォーター	820
10	1104	8	2022/1/7	吉村不動産	新宿支社	東京都内	ミネラルウォーター	その他	820	90	73,800		その他	カップ麺詰め合わせ	1,800
11	1104	9	2022/1/7	吉村不動産	新宿支社	東京都内	カップ麺詰め合わせ	その他	1,800	75	135,000				
12	1104	10	2022/1/7	吉村不動産	新宿支社	東京都内	ココア	その他	1,300	15	19,500				
13	1105	11	2022/1/7	川越トラベル	さいたま支社	北関東	ミネラルウォーター	その他	820	90	73,800				

　なお、**内容を削除するときには、行や列を選択してセルごと削除**しましょう。セルを範囲選択して「Delete」キーを押すだけでは、セル内のデータだけが削除されて、書式など目に見えない情報が残ってしまいます。

　正しい削除のしかたは、まず、1行目を選択して右クリックし、「削除」を選びます。次に、L列からN列を同様の操作で削除します。これで、**図2-3**のようにA列・1行目からリストが始まる表になりました。

図2-3　理想的なリストの例

	A	B	C	D	E	F	G	H	I	J	K	L	M	N
1	注文コード	明細コード	日付	顧客名	支社名	販売エリア	商品名	分類	単価	数量	金額			
2	1101	1	2022/1/7	深田出版	本社	東京都内	ミネラルウォーター	その他	820	120	98,400			
3	1101	2	2022/1/7	深田出版	本社	東京都内	コーンスープ	その他	1,500	75	112,500			
4	1102	3	2022/1/7	寺本システム	本社	東京都内	ミネラルウォーター	その他	820	150	123,000			
5	1102	4	2022/1/7	寺本システム	本社	東京都内	カップ麺詰め合わせ	その他	1,800	150	270,000			
6	1102	5	2022/1/7	寺本システム	本社	東京都内	無糖コーヒー	コーヒー	2,000	450	900,000			
7	1103	6	2022/1/7	西山フーズ	新宿支社	東京都内	煎茶	お茶	1,170	60	70,200			
8	1103	7	2022/1/7	西山フーズ	新宿支社	東京都内	紅茶	お茶	1,800	150	270,000			
9	1104	8	2022/1/7	吉村不動産	新宿支社	東京都内	ミネラルウォーター	その他	820	90	73,800			
10	1104	9	2022/1/7	吉村不動産	新宿支社	東京都内	カップ麺詰め合わせ	その他	1,800	75	135,000			
11	1104	10	2022/1/7	吉村不動産	新宿支社	東京都内	ココア	その他	1,300	15	19,500			
12	1105	11	2022/1/7	川越トラベル	さいたま支社	北関東	ミネラルウォーター	その他	820	90	73,800			
13	1105	12	2022/1/7	川越トラベル	さいたま支社	北関東	ココア	その他	1,300	60	78,000			

2-1-2 空行を入れてはいけない 場所を知る

リストの途中に空行があると、ピボットテーブルの集計はその上の行までが対象になってしまいます。本来求めたい集計の範囲が正しく認識されなくなるため、表の中には、空の行や列を入れないようにします。

表内には空行を入れない

図2-4では、12行目に空白行が挿入されています。Excelは、空白行・空白列で囲まれた範囲をリストの範囲とみなすため、途中で空白の行や列があると、自動認識された範囲がそこで途切れてしまいます。

そこで、元の表には空白行や空白列を作らないようにしましょう。特に、内容的に切りのよいところで行を空ける癖がある人は要注意です。

図2-4 表の途中に空白行を作らない（悪い例）

	A	B	C	D	E	F	G	H	I	J	K
1	注文コード	明細コード	日付	顧客名	支社名	販売エリア	商品名	分類	単価	数量	金額
2	1101	1	2022/1/7	深田出版	本社	東京都内	ミネラルウォーター	その他	820	120	98,400
3	1101	2	2022/1/7	深田出版	本社	東京都内	コーンスープ	その他	1,500	75	112,500
4	1102	3	2022/1/7	寺本システム	本社	東京都内	ミネラルウォーター	その他	820	150	123,000
5	1102	4	2022/1/7	寺本システム	本社	東京都内	カップ麺詰め合わせ	その他	1,800	150	270,000
6	1102	5	2022/1/7	寺本システム	本社	東京都内	無糖コーヒー	コーヒー	2,000	450	900,000
7	1103	6	2022/1/7	西山フーズ	新宿支社	東京都内	煎茶	お茶	1,170	60	70,200
8	1103	7	2022/1/7	西山フーズ	新宿支社	東京都内	紅茶	お茶	1,800	150	270,000
9	1104	8	2022/1/7	吉村不動産	新宿支社	東京都内	ミネラルウォーター	その他	820	90	73,800
10	1104	9	2022/1/7	吉村不動産	新宿支社	東京都内	カップ麺詰め合わせ	その他	1,800	75	135,000
11	1104	10	2022/1/7	吉村不動産	新宿支社	東京都内	ココア	その他	1,300	15	19,500
12											
13	1105	11	2022/1/7	川越トラベル	さいたま支社	北関東	ミネラルウォーター	その他	820	90	73,800
14	1105	12	2022/1/7	川越トラベル	さいたま支社	北関東	ココア	その他	1,300	60	78,000
15	1106	13	2022/1/7	森本食品	さいたま支社	北関東	ドリップコーヒー	コーヒー	2,150	300	645,000

空行より上だけがリストとして認識されてしまう

　このようなリストをもとに、1-1-1の手順に従ってピボットテーブルを作成すると、空白行よりも上の部分だけがリスト範囲とみなされます。

　図2-5では、「テーブル/範囲」に表示されたセル範囲は、12行目の空白行よりも上の部分だけを指しています。これは、表の途中に空行が入っていると、Excelはその上の行で表が終わったとみなすためです。このままピボットテーブル作成の操作を続けると、リスト範囲の一部だけを対象にしたピボットテーブルになってしまいます。

　このようなときは、いったん「キャンセル」をクリックしてダイアログボックスを閉じてから、12行目の空白行を削除し、その後もう一度ピボットテーブルを作成します。すると、正しいリスト範囲が認識されるようになります。

参照→ **1-1-1 ピボットテーブルの土台を作成する**

図2-5　空白行の前までが対象範囲と認識される

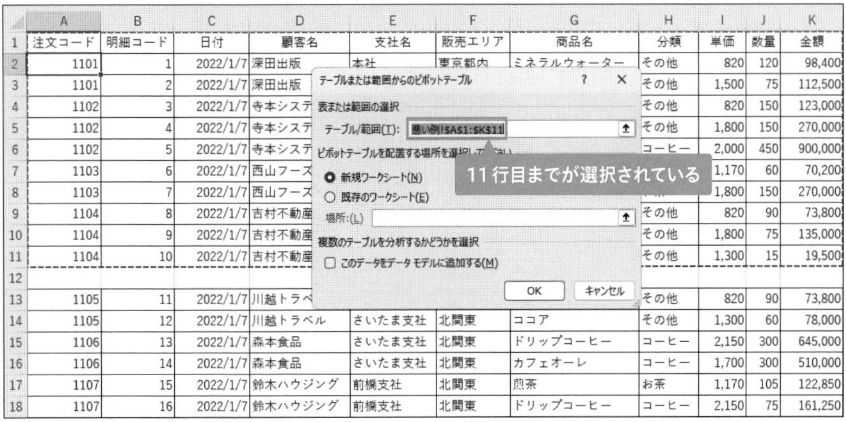

ONE POINT

リストには罫線やセルの配置などの書式は不要です。本書では紙面上で見やすくするために、罫線を設定して1行目のフィールド名を中央揃えにしていますが、これらの書式を設定する必要はありません。

2-1-3 セル結合は禁止

リストの中では、セル結合を使わないようにしましょう。特に、フィールド名にセル結合があると、ピボットテーブルを作成できなくなるので注意が必要です。

リスト内でセル結合は使わない

リストのシートでは、行の数と列の数が均一でないと、フィールドとレコードの関係が正しく認識されません。図2-6では、E列の支社名のセルが結合されています。このように、1行目のフィールド名や一部のセルを結合すると、隣り合った複数のセルが1つのセルとして機能するため、行と列の関係が崩れてしまいます。これらのセル結合は、ピボットテーブルを作成する前に解除が必要です。

図2-6 セルを結合しない（悪い例）

	A	B	C	D	E	F	G	H	I	J	K
1	注文番号		日付	顧客名	支社名	販売エリア	商品名	分類	単価	数量	金額
2	1101	1	2022/1/7	深田出版		東京都内	ミネラルウォーター	その他	820	120	98,400
3	1101	2	2022/1/7	深田出版		東京都内	コーンスープ	その他	1,500	75	112,500
4	1102	3	2022/1/7	寺本システム	本社	東京都内	ミネラルウォーター	その他	820	150	123,000
5	1102	4	2022/1/7	寺本システム		東京都内	カップ麺詰め合わせ	その他	1,800	150	270,000
6	1102		2022/1/7	寺本システム		東京都内	無糖コーヒー	コーヒー	2,000	450	900,000
7	1103	7	2022/1/7	西山フーズ		東京都内	煎茶	お茶	1,170	60	70,200
8	1103	7	2022/1/7	西山フーズ		東京都内	紅茶	お茶	1,800	150	270,000
9	1104	8	2022/1/7	吉村不動産	新宿支社	東京都内	ミネラルウォーター	その他	820	90	73,800
10	1104	9	2022/1/7	吉村不動産		東京都内	カップ麺詰め合わせ	その他	1,800	75	135,000
11	1104	10	2022/1/7	吉村不動産		東京都内	ココア	その他	1,300	15	19,500

（セルが結合されている）

フィールド名にセル結合があるとエラーになる

フィールド名にセル結合が含まれていると、ピボットテーブルを作成した際、「そのピボットテーブルのフィールド名は正しくありません」というエラーメッセージが表示され、そこで作成手順が止まってしまいます。

図2-7では、A1セルとB1セルが結合されて1つのセルになっているた

め、エラーメッセージが表示されます。

参照→ 1-1-1 ピボットテーブルの土台を作成する

図2-7　フィールド名にセル結合があるとエラーになる

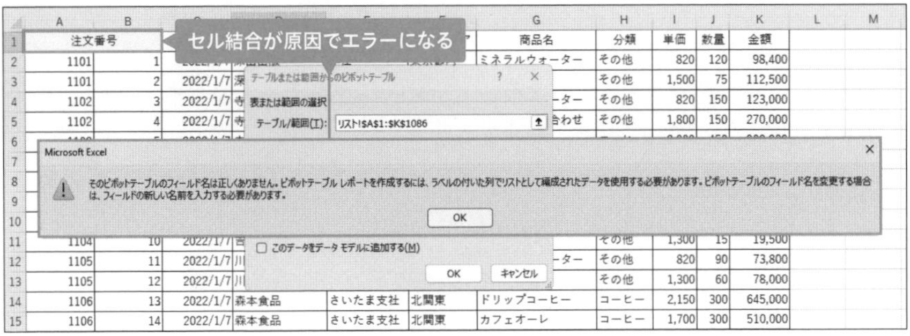

　この場合は、シート左上の「全セル選択ボタン」をクリックして、すべてのセルを選択し、「ホーム」タブの「セルを結合して中央揃え」をクリックしてオフにすると、リストのセル結合をまとめて解除できます（図2-8）。その後、空欄になったセルに正しい内容を入力してから、ピボットテーブルを作成しなおしましょう。

図2-8　セル結合をまとめて解除する

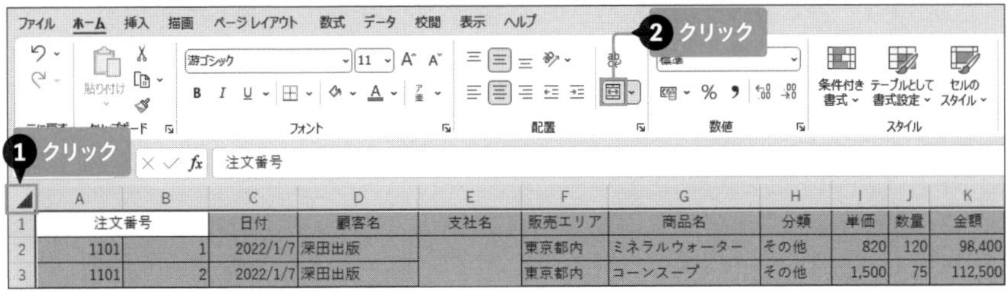

■ONEPOINT

リストをあらかじめテーブル形式に変換しておけば、表内ではセル結合を設定できないため、このようなトラブルがなくなります。

参照→ 3-5-3 リストをテーブル形式に変換する

2-1-4 フィールド名は必ず入力する

リストの先頭行に入力されたフィールド名の一部が空欄になっていると、ピボットテーブルを作成したときに、エラーメッセージが表示されてしまいます。フィールド名は必ず入力しましょう。

■ フィールド名に空欄のセルを作らない

リストの先頭行にはフィールド名が入力されている必要があります。一部のフィールド名が空欄になった状態でピボットテーブルを新規に作成したり、内容を更新したりすると、エラーメッセージが表示されます。

図2-9では、B1セルが空欄になっています。B1セルのフィールド名が空欄になったことに気づかないままピボットテーブルを作成すると、「そのピボットテーブルのフィールド名は正しくありません」というエラーメッセージが表示されます。

このエラーメッセージが表示された場合は、「キャンセル」ボタンをクリックして操作をいったん終了してから、元の表のシートに切り替えて、フィールド名を確認しましょう。

図2-9　フィールド名を空欄にしない

	A	B	C	D	E	F	G	H	I	J	K
1	注文コード		日付	顧客名	支社名	販売エリア	商品名	分類	単価	数量	金額
2	1101	1	2022/1/7	深田出版	本社	東京都内	ミネラルウォーター	その他	820	120	98,400
3		2/1/7	深田出版		本社	東京都内	コーンスープ	その他	1,500	75	112,500
4	1102	3	2022/1/7	寺本システム	本社	東京都内	ミネラルウォーター	その他	820	150	123,000
5	1102	4	2022/1/7	寺本システム	本社	東京都内	カップ麺詰め合わせ	その他	1,800	150	270,000

空欄になっている

● ONE POINT

リストをあらかじめテーブル形式に変換しておけば、フィールド名のセルには、常に何らかの項目名が表示されます。空欄になることがないため、このようなトラブルがなくなります。

参照➡ **3-5-3** リストをテーブル形式に変換する

2 - 2 - 1 商品名などの表現（言葉）を統一する

リストに入力された商品名や顧客名の内容は、同じ項目が完全に一致している必要があります。これは「カフェオーレ」と「カフェオレ」のように、表現（言葉）が一部でも違っていると、別の商品として扱われてしまうためです。こういった表現の統一には置換機能を使いましょう。

「カフェオーレ」と「カフェオレ」は別物になってしまう

手作業で入力したリストでは、表現が統一されていない項目がどうしても出てきます。図2-10を見ると、I列の「商品名」フィールドには「カフェオーレ」と「カフェオレ」という2種類の項目がありますが、これは同じ商品を指しています。また、E列の「顧客名」フィールドには、「(株)」のカッコが全角で入力された項目と半角で入力された項目が混在しています。

図2-10　表現が統一されていないリスト

	A	B	C	D	E	F	G	H	I	J	K	L
1	注文コード	明細コード	日付	顧客コード	顧客名	支社名	販売エリア	商品コード	商品名	分類	単価	数量
2	1101	1	2022/1/7	101	深田出版 (株)	本社	東京都内	E1001	ミネラルウォーター	その他	820	120
3	1101	2	2022/1/7	101	深田出版 (株)	本社	東京都内	E1002	コーンスープ	その他	1,500	75
4	1102	3	2022/1/7	102	(株)寺本システム	本社	東京都内	E1001	ミネラルウォーター	その他	820	150
5	1102	4	2022/1/7	102	(株)寺本システム	本社	東京都内	E1003	カップ麺詰め合わせ	その他	1,800	150
6	1102	5	2022/1/7	102	(株) 寺本システム	本社	東京都内	C1003	無糖コーヒー	コーヒー	2,000	450
7	1103	6	2022/1/7	103	西山フーズ	新宿支社	東京都内	T1001	煎茶	お茶	1,170	60
8	1103	7	2022/1/7	103	(株)西山フーズ	新宿支社	東京都内	T1003	紅茶	お茶	1,800	150
9	1104	8	2022/1/7	104	吉村不動産	新宿支社	東京都内	C1002	カフェオレ	コーヒー	1,700	90
10	1104	9	2022/1/7	104	吉村不動産	新宿支社	東京都内	E1003	カップ麺詰め合わせ	その他	1,800	75
11	1104	10	2022/1/7	104	吉村不動産	新宿支社	東京都内	E1004	ココア	その他	1,300	15
12	1105	11	2022/1/7	105	川越トラベル (株)			C1002	カフェオーレ	コーヒー	1,700	90
13	1105	12	2022/1/7	105	川越トラベル (株)			E1004	ココア	その他	1,300	60
14	1106	13	2022/1/7	106	森本食品 (株)			C1001	ドリップコーヒー	コーヒー	2,150	300
15	1106	14	2022/1/7	106	森本食品 (株)			C1002	カフェオレ	コーヒー	1,700	300
16	1107	15	2022/1/7	107	(株) 鈴木ハウジング	前橋支社	北関東	T1001	煎茶	お茶	1,170	105
17	1107	16	2022/1/7	107	(株) 鈴木ハウジング	前橋支社	北関東	C1001	ドリップコーヒー	コーヒー	2,150	75

全角と半角のカッコが混在

「カフェオレ」と「カフェオーレ」が混在

このような表現のズレがあると、本当は同じ会社や商品であっても、ピボットテーブルで集計すると別の内容として扱われてしまいます。リストでは、記号類の全角と半角も含めて表現を揃える必要があります。

そこで、置換機能を使ってこれらの表現を統一しましょう。置換は、たと

えば商品名などに含まれる「A」という文字を「B」に機械的に置き換えることができる機能です。置換を使えば、手作業よりもはるかに効率よく、また修正漏れもありません。

ここでは、置換機能を使って商品名の「カフェオレ」を「カフェオーレ」に統一します。また、「(株)」のカッコは全角に統一しましょう。

置換機能で統一する

まずは、「カフェオレ」を「カフェオーレ」に修正します。

「置換」機能では、シート全体が置き換えの対象になります。ただし、セル範囲をあらかじめ選んでおくと、その部分だけを対象にできます。ここでは、対象を商品名の列だけに限定するため、I列を選択します。他のフィールドのデータが変更されてしまうと困る場合は、このように修正対象となるフィールドの列を選んでおくと安心です。

次に「ホーム」タブの「検索と選択」から「置換」を選択します（図2-11）。

図2-11 「検索と置換」ダイアログボックスを開く

「検索と置換」ダイアログボックスの「置換」タブが表示されます。「検索する文字列」には、統一する前の言葉「カフェオレ」を入力します。「置換後の文字列」には、統一後の言葉「カフェオーレ」を入力して、「すべて置換」をクリックします（図2-12）。

図2-12　統一したい言葉を入力して置換を実行

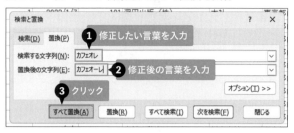

置換が実行され、「2件を置換しました」と完了のメッセージが表示されます（図2-13）。これで「カフェオレ」を「カフェオーレ」に統一できました。

図2-13　置換が完了し、一括で統一できた

半角のカッコを全角に置換する

置換機能を応用すると、特定の文字の**全角と半角を統一**できます。

英数字と記号、カタカナには、全角文字と半角文字があります。同じ内容であっても全角と半角が異なると、ピボットテーブルで集計したときに別の項目として扱われてしまうため、これらは統一が必要です。いったん入力されてしまったデータは、置換機能を使って、全角を半角に、あるいは反対に半角を全角に一括で変換すると効率的です。

ここでは、E列の「顧客名」フィールドを対象に、「(株)」に含まれる半角のカッコを全角に置換しましょう。

まずE列を選択し、「ホーム」タブの「検索と選択」から「置換」をクリックします。表示された「検索と置換」ダイアログボックスで、「検索する文字列」と「置換後の文字列」の両方の欄に「(株)」と入力します。ただし、「検索する文字列」の方はカッコを半角文字で入力し、「置換後の文字列」の方は全角で入力します。次に、「すべて置換」ボタンをクリックします（図2-14）。

図2-14　統一したい言葉を入力して置換を実行

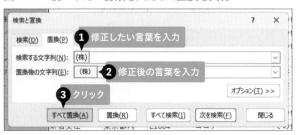

完了のメッセージが表示され、E列に含まれていた「(株)」のうち、半角の「(」や「)」がすべて全角に置き換わりました（図2-15）。

図2-15　半角のカッコが全角に置換された

2-2-2 セル内の余分なスペースを削除する

フィールドの項目を統一するには、関数も利用できます。ここからは、表現の統一に役立つ関数を紹介します。関数を使って統一した結果を、統一前のフィールドと差し替える方法についても知っておきましょう。

セル内に含まれる余分なスペースを一括で削除したい

Excelではない別のアプリケーションで作成されたファイルのデータをExcelに取り込んだ場合、余分なスペースがデータの前後に多数入ってしまうことがあります。図2-16のリストには、E列の顧客名の先頭位置がずれているセルがいくつもあります。これは、顧客名の前後にスペースが入力されているためです。

スペースを一括で削除するには、TRIM（トリム）関数が役立ちます。TRIM関数を使ってE列の「顧客名」フィールドに含まれるすべてのスペースを一括で削除しましょう。

図2-16　スペースが入力されているリスト

	A	B	C	D	E	F	G	H
1	注文コード	明細コード	日付	顧客コード	顧客名		支社名	販売エリア
2	1101	1	2022/1/7	101	深田出版	深田出版	本社	東京都内
3	1101	2	2022/1/7	101	深田出版	深田出版	本社	東京都内
4	1102	3	2022/1/7	102	寺本システム	寺本システム	本社	東京都内
5	1102	4	2022/1/7	102	寺本システム	寺本システム	本社	東京都内
6	1102	5	2022/1/7	102	寺本システム	寺本システム	本社	東京都内
7	1103	6	2022/1/7	103	西山フーズ	西山フーズ	新宿支社	東京都内
8	1103	7	2022/1/7	103	西山フーズ	西山フーズ	新宿支社	東京都内
9	余分なスペースが入力されている			104	吉村不動産	吉村不動産	新宿支社	東京都内
10	1104	9	2022/1/7	104	吉村不動産	吉村不動産	新宿支社	東京都内
11	1104	10	2022/1/7	104	吉村不動産	吉村不動産	新宿支社	東京都内
12	1105	11	2022/1/7	105	川越トラベル	川越トラベル	さいたま支社	北関東
13	1105	12	2022/1/7	105	川越トラベル	川越トラベル	さいたま支社	北関東
14	1106	13	2022/1/7	106	森本食品	森本食品	さいたま支社	北関東
15	1106	14	2022/1/7	106	森本食品	森本食品	さいたま支社	北関東
16	1107	15	2022/1/7	107	鈴木ハウジング	鈴木ハウジング	前橋支社	北関東

STEP 1 列を挿入し、TRIM関数を入力する

　関数を使って表現を統一する場合は、まず関数を入力するために新規の列を挿入します。ここでは、F列の上で右クリックし、ショートカットメニューの「挿入」を選択します（**図2-17**）。

図2-17　新規の列を挿入する

　E列とF列の間に新しい列が挿入されたら、先頭のセルにTRIM関数の式を入力します。F2セルに「=TRIM（E2）」と入力します（**図2-18**）。

図2-18　TRIM関数の式を入力する

	A	B	C	D	E	F	G
1	注文コード	明細コード	日付	顧客コード	顧客名		支社名
2	1101	1	2022/1/7	101	深田出版	=TRIM(E2)	本社
3	1101	2	2022/1/7	101	深田出版		本社
4	1102	3	2022/1/7	102	寺本	TRIM関数の式を入力	
5	1102	4	2022/1/7	102	寺	（カッコ内には同じ行のE列のセルを指定）	
6	1102	5	2022/1/7	102	寺本システム		本社
7	1103	6	2022/1/7	103	西山フーズ		新宿支社
8	1103	7	2022/1/7	103	西山フーズ		新宿支社

　これで、F2セルに、E2セルからスペースを除外した顧客名が表示されます。続けて、その式を下のセルにもコピーします。

　関数を入力したF2セルを選び、右下角にマウスポインターを合わせてダブルクリックします。この一連の操作を**「オートフィル」**と呼び、隣接するセルにデータや数式をすばやくコピーする際に使います。これで、余分なスペースが削除された顧客名がF列に表示されました（**図2-19**）。

図2-19　オートフィルでTRIM関数をコピー

STEP 2　関数で求めた結果を「数式」から「値」に変換する

　TRIM関数をF列に入力した結果、F列には余分なスペースが削除された顧客名が表示されます。これ以降は、修正前のE列を削除して現在のF列を新たな「顧客名」フィールドとして使いましょう。

　ただし、E列をいきなり削除すると、F列の関数の結果がエラーになってしまいます。その理由については後述のコラムを参照してください。

　そこでエラーになるのを防ぐために、**「値貼り付け」** という機能を使いましょう。これにより、E列を削除する前に、F列に入力されている内容を「TRIM関数の式」から「TRIM関数の式で求めた値」に変換します。

　まず、関数を入力したF列を選択して「ホーム」タブの「コピー」をクリックします（図2-20）。

図2-20　TRIM関数を入力した列をコピーする

次に、F列を選択した状態のまま、「ホーム」タブの「貼り付け」ボタン下の▼から「値」を選択します（図2-21）。

図2-21 「値」形式で貼り付ける

STEP 3 値貼り付け後、修正前のフィールドを削除する

これでF列の内容が「＝TRIM(E2)」のような数式から、「深田出版」のような、関数の結果として表示された文字そのものに変換されます。

E列を選択し、右クリックして「削除」を選択します（図2-22）。

図2-22 スペースを消去する前の列を削除する

修正前の顧客名が入力されていたE列が削除されました。これ以降は修正後の列を「顧客名」フィールドにします。E1セルに「顧客名」とフィールド名を入力しておきましょう（図2-23）。

図2-23　フィールド名の入力を忘れずに

	A	B	C	D	E	F	G
1	注文コード	明細コード	日付	顧客コード	顧客名	フィールド名を入力 ア	
2	1101	1	2022/1/7	101	深田出版	本社	東京都内
3	1101	2	2022/1/7	101	深田出版	本社	東京都内
4	1102	3	2022/1/7	102	寺本システム	本社	東京都内
5	1102	4	2022/1/7	102	寺本システム	本社	東京都内
6	1102	5	2022/1/7	102	寺本システム	本社	東京都内
7	1103	6	2022/1/7	103	西山フーズ	新宿支社	東京都内
8	1103	7	2022/1/7	103	西山フーズ	新宿支社	東京都内

COLUMN　関数で参照している古いフィールドを削除するとエラーになる

　関数を使って表現統一をした場合、関数の式の中では、修正前の列のセルを参照しています。そのため、前述の「値貼り付け」の操作を行わずに修正前の列を削除すると、関数の結果がエラーになってしまうので注意しましょう。

　たとえば、図2-18では、F2セルに「=TRIM(E2)」という計算式を入力しました。このTRIM関数の式で参照しているE2セルは、修正前の顧客名が入力されたセルです。E列を削除すると、セル番地E2もなくなります。E列を選択して右クリックし、ショートカットメニューから「削除」を選択してみましょう（図2-24）。

図2-24　TRIM関数を値に変換せずに削除した場合

CHAPTER 2
SECTION 2
ITEM 2

セル内の余分なスペースを削除する

055

E列が削除されると、削除後に右から移動した新たなE列（元のF列）のセルに「#REF!」というエラー値が表示されます（図2-25）。これは、「数式内で参照しているセルが見つからない」という意味のエラーです。

これを防ぐためには、E列を削除する前に、2-2-2で解説した手順で「値貼り付け」を使って、F列に入力した関数の式を計算結果に変換する必要があります。値貼り付け後は、F列の中身が数式ではなくなるため、E列への参照関係はなくなります。したがってE列を削除してもエラーは表示されなくなります。

図2-25　参照先が見つからないというエラーが表示される

	A	B	C	D	E	F	G
1	注文コード	明細コード				支社名	販売エリア
2	1101				#REF!	本社	東京都内
3	1101			1	#REF!	本社	東京都内
4	1102	3	2022/1/7	102	#REF!	本社	東京都内
5	1102	4	2022/1/7	102	#REF!	本社	東京都内
6	1102	5	2022/1/7	102	#REF!	本社	東京都内
7	1103	6	2022/1/7	103	#REF!	新宿支社	東京都内
8	1103	7	2022/1/7	103	#REF!	新宿支社	東京都内

E列の削除後、数式が「=TRIM(#REF!)」となり、エラーになる

2-2-3 半角と全角を統一する

英数字、カタカナ、記号には、全角と半角の2種類の文字があります。これらを統一するには、ASC関数とJIS関数を使いましょう。ASC関数は全角を半角に、JIS関数は半角を全角に変換する関数です。

カタカナを全角に統一したい

図2-26のリストでは、E列の「顧客名」フィールドにカタカナが半角文字になっているデータが混在しています。顧客名のカタカナはすべて全角に統一しましょう。

セル内の文字の全角と半角を変換するには、ASC（アスキー）関数とJIS（ジス）関数を使います。ASC関数は全角文字を半角に変換し、JIS関数は反対に半角文字を全角文字に変換します。

図2-26 全角と半角のカタカナが混在したリスト

	A	B	C	D	E	F	G	
1	注文コード	明細コード	日付	顧客コード	顧客名	支社名	販売エリア	商
2	1101	1	2022/1/7	101	深田出版	本社	東京都内	E1
3	1101	2	2022/1/7	101	深田出版	本社	東京都内	E1
4	1102	3	2022/1/7	102	寺本システム	本社	東京都内	E1
5	1102	4	2022/1/7	102	寺本ｼｽﾃﾑ	本社	東京都内	E1
6	1102	5	2022/1/7	102	寺本システム	本社	東京都内	C1
7	1103		2022/1/7	3	西山フーズ	新宿支社	東京都内	T1
8	1103	7	2022/1/7	103	西山ﾌｰｽﾞ	新宿支社	東京都内	T1
9	1104	8	2022/1/7	104	吉村不動産	新宿支社	東京都内	E1
10	1104	9	2022/1/7	104	吉村不動産	新宿支社	東京都内	E1
11	1104	10	2022/1/7	104	吉村不動産	新宿支社	東京都内	E1
12	1105	11	2022/1/7	105	川越トラベル	さいたま支社	北関東	E1
13	1105	12	2022/1/7	105	川越ﾄﾗﾍﾞﾙ	さいたま支社	北関東	E1
14	1106	13	2022/1/7	106	森本食品	さいたま支社	北関東	C1
15	1106	14	2022/1/7	106	森本食品	さいたま支社	北関東	C1

全角と半角のカタカナが混在

なお、ASC関数とJIS関数では、セルに含まれる英数字、カタカナ、記号がすべて全角や半角に変わる点に注意しましょう。特定の文字や数字だけを対象に、全角・半角を変換したい場合は、置換機能や、図2-29にあるSUBSTITUTE関数を使いましょう。

参照→ **2-2-1** 商品名などの表現（言葉）を統一する

JIS関数を利用する

　この例では、半角カタカナを全角に変更するので、JIS関数を利用します。
　まず、E列の右隣に新しい列を挿入しましょう。これが図2-27のF列です。次に、F2セルにJIS関数の式を「=JIS（E2）」と入力します。

図2-27　JIS関数の式を入力する

	A	B	C	D	E	F	G
1	注文コード	明細コード	日付	顧客コード	顧客名		支社名
2	1101	1	2022/1/7	101	深田出版	=JIS(E2)	本社
3	1101	2	2022/1/7	101	深田出版		本社
4	1102	3	2022/1/7	102	寺本システム		
5	1102	4	2022/1/7	102	寺本ｼｽﾃﾑ		
6	1102	5	2022/1/7	102	寺本システム		本社
7	1103	6	2022/1/7	103	西山フーズ		新宿支社
8	1103	7	2022/1/7	103	西山ﾌｰｽﾞ		新宿支社

① 新規の列を挿入
② JIS関数の式を入力（カッコ内には同じ行のE列のセルを指定）

　F2セルに、E2セルの半角文字を全角に変換した顧客名が表示されます。続けて、前述のオートフィル操作を使って、その式を下のセルにコピーします。
　これで、図2-28のように、E列の顧客名に含まれる半角文字が全角に変換された状態でF列に表示されました。

参照→ **2-2-2** セル内の余分なスペースを削除する（オートフィル）

　あとは、「値貼り付け」を使って、F列に入力したJIS関数の式を計算結果に変換してからE列を削除します。
　これで、以後は、カタカナを全角に統一した「顧客名」フィールドをリストで利用できるようになります。

参照→ **2-2-2** セル内の余分なスペースを削除する（値貼り付け）

図2-28　JIS関数をコピーして半角文字を全角に変換

	A	B	C	D	E	F	G
1	注文コード	明細コード	日付	ダブルクリック（オートフィル）**1**			支社名
2	1101	1	2022/1/7	101	深田出版	深田出版	本社
3	1101	2	2022/1/7	101	深田出版	深田出版	本社
4	1102	3	2022/1/7	102	寺本システム	寺本システム	本社
5	1102	4	2022/1/7	102	寺本ｼｽﾃﾑ	寺本システム	本社
6	1102	5	2022	半角カタカナが 全角に変換された **2**	ｼｽﾃﾑ	寺本システム	本社
7	1103	6	2022		ﾌｰｽﾞ	西山フーズ	新宿支社
8	1103	7	2022/1/7	103	西山ﾌｰｽﾞ	西山フーズ	新宿支社

表現の統一に役立つ主な関数

　ばらつきが出た表現を効率よく統一するには、関数を使うと便利です。図2-29に、表現の統一に役立つ関数をまとめました。

　ASC関数とJIS関数、UPPER関数とLOWER関数のように、**反対の役割を持つ関数は使い方が同じ**なので、まとめて覚えておくと活用範囲が広がります。

図2-29　表現の統一に利用できる関数の例

関数名	使用例	内容
ASC	=ASC(A2)	A2セルに含まれる全角の英数字・カタカナ・記号を半角にする
JIS	=JIS(A2)	A2セルに含まれる半角の英数字・カタカナ・記号を全角にする
UPPER	=UPPER(A2)	A2セルに含まれるアルファベットの小文字を大文字にする
LOWER	=LOWER(A2)	A2セルに含まれるアルファベットの大文字を小文字にする
SUBSTITUTE	=SUBSTITUTE(A2,"B","C")	A2セルに含まれる「B」を「C」に置換する
TRIM	=TRIM(A2)	A2セルに含まれる不要なスペースを削除する

2-2-4 リストには空欄のセルを残さない

項目として利用するフィールドのセルには空欄を作らないようにしましょう。ピボットテーブルの行ラベルや列ラベルに「空白」という項目が表示された場合は、リストに空欄のセルがあることが原因です。

項目のセルには空欄がない状態にする

「顧客名」や「商品名」など集計の項目として使うフィールドには、空欄のセルがないかどうかをチェックしましょう。図2-30では、「顧客名」フィールドのE5セルとE10セルが空欄になっています。入力漏れなどで空欄になったセルがリストに存在すると、そのフィールドをピボットテーブルに配置した際に、正しい集計結果が出なくなってしまいます。

図2-30 空欄が混ざっているリスト

	A	B	C	D	E	F	G
1	注文コード	明細コード	日付	顧客コード	顧客名	支社名	販売エリア
2	1101	1	2022/1/7	101	深田出版	本社	東京都内
3	1101	2	2022/1/7	101	深田出版	本社	東京都内
4	1102	3	2022/1/7	102	寺本システム	本社	東京都内
5	1102	4	2022/1/7	102		本社	東京都内
6	1102	5	2022/1/7	102	寺本システム	本社	東京都内
7	1103		2022/1/7	103	西山フーズ	新宿支社	東京都内
8	1103	7	2022/1/7	103	西山フーズ	新宿支社	東京都内
9	1104	8	2022/1/7	104	吉村不動産	新宿支社	東京都内
10	1104	9	2022/1/7	104		新宿支社	東京都内
11	1104	10	2022/1/7	104	吉村不動産	新宿支社	東京都内

空欄になっている

ピボットテーブルに「空白」と表示されてしまう

　図2-30のリストをもとにして作成したピボットテーブルが**図2-31**です。このピボットテーブルでは、空欄のセルが含まれる「顧客名」フィールドを「行ラベル」に配置しました。

　A14セルを見ると、「(空白)」という項目が表示されています。これは、リストのE5セルとE10セルが空欄になっていたためです。このように、内容が入力されていないため分類できないセルがリストにあると、行ラベルや列ラベルの最後に「(空白)」という項目が作られて、そこにまとめられてしまうのです。これでは、正確な集計になりません。

　このようなピボットテーブルができた場合は、リスト内の空欄セルに正しい内容を入力してから、ピボットテーブルを更新しましょう。

参照➡ **3-5-1** リストの一部を変更したピボットテーブルを更新する

図2-31　セルに空欄があると「(空白)」としてまとめられる

	A	B
1		
2		
3	**行ラベル** ▼	**合計 / 金額**
4	デザインアルテ	30,924,500
5	吉村不動産	12,815,400
6	寺本システム	75,898,200
7	若槻自動車	15,258,100
8	森本食品	70,436,250
9	深田出版	12,152,100
10	西山フーズ	18,566,250
11	川越トラベル	8,702,400
12	辻本飲料販売	31,558,950
13	鈴木ハウジング	7,840,500
14	(空白)	405,000
15	**総計**	**284,557,650**
16		
17		

セルに空欄があると「(空白)」としてまとめられる

⚡COLUMN 表現のばらつきをフィルターですばやく探す

　2-2で紹介したような表現のばらつきを手作業で探すと、時間も手間もかかり、見落としの可能性もあります。そこで、フィルター機能を使って効率よく探す方法を知っておきましょう。

　リスト内のセルをクリックして、「データ」タブの「フィルター」をクリックすると、1行目のフィールド名にフィルター矢印が表示されます。次に、フィルター矢印をクリックすると、そのフィールドに入力された項目の一覧がチェックリストとして表示されます。これを見れば、データのばらつきがあるかどうかをすばやくチェックできます。

　図2-32では、「寺本システム」という同一の顧客名が2件表示されています。これを見れば、「システム」の部分が半角のデータと全角のデータがあることが一目でわかります。

　修正が必要な項目にチェックを付けて抽出を実行し、セルの内容を統一するとよいでしょう。

図2-32　フィルター機能で表現のばらつきを探す

第-**3**-章

集計の
応用テクニック
いろいろ

3 - 1 - 1 合計を「平均」や「最大値」に変更する

> 集計の初期値は「合計」です。平均、最大値、最小値といった合計以外の集計結果を表示したい場合は、「値」の集計方法を変更します。その手順を知っておきましょう。

「合計」から他の集計方法に変更したい

　ピボットテーブルでの集計の初期値は「合計」です。ピボットテーブルを作る際、「ピボットテーブルのフィールド」作業ウィンドウの「値」ボックスに「金額」など数値のフィールドを追加すると、自動的に合計が求められ、ピボットテーブルに表示されます。平均や最大値といった他の集計を表示させたい場合は、その後、「**集計方法**」を変更する必要があります。

　図3-1のBeforeのピボットテーブルでは、行ラベルに「商品名」フィールドを、「値」に「金額」フィールドを指定して、商品ごとに売上金額を合計し

図3-1　合計金額を平均金額に変更する

Before			
	A	B	C
1			
2			
3	行ラベル ▼	合計 / 金額	
4	カップ麺詰め合わせ	25704000	
5	カフェオーレ	34025500	
6	コーンスープ	13635000	
7	ココア	4933500	
8	ドリップコーヒー	50740000	
9	ミネラルウォーター	34120200	
10	紅茶	30105000	
11	煎茶	19111950	
12	麦茶	6682500	
13	無糖コーヒー	65500000	
14	総計	284557650	
15			

After			
	A	B	C
1			
2			
3	行ラベル ▼	平均 / 金額	
4	カップ麺詰め合わせ	177268.9655	
5	カフェオーレ	596938.5965	
6	コーンスープ	139132.6531	
7	ココア	68520.83333	
8	ドリップコーヒー	757313.4328	
9	ミネラルウォーター	118472.9167	
10	紅茶	310360.8247	
11	煎茶	132721.875	
12	麦茶	133650	
13	無糖コーヒー	977611.9403	
14	総計	262265.1152	
15			

ています。この表の集計方法を「平均」に変更して、商品ごとに売上金額の平均を求めましょう。

ピボットテーブルで指定できる集計の種類

ピボットテーブルで求めることができる集計の種類は、**図3-2**の通りです。

図3-2　ピボットテーブルで求めることができる集計の種類

集計方法	内容
合計	合計を求める（数値のフィールドを集計する場合の初期値）
個数	空欄ではない何らかのデータが入力されたセルの数を求める（文字列のフィールドを集計する場合の初期値）
平均	数値フィールドを対象に平均を求める
最大	数値フィールドを対象に最大値を求める
最小	数値フィールドを対象に最小値を求める
積	数値フィールドを対象にセルの数値を乗算した値（積）を求める
数値の個数	数値フィールドを対象に数値が入力されたセルの数を求める
標本標準偏差	数値フィールドを対象に標本標準偏差を求める
標準偏差	数値フィールドを対象に標準偏差を求める
標本分散	数値フィールドを対象に標本分散を求める
分散	数値フィールドを対象に分散を求める

✦ C O L U M N　セルの個数をすばやく求めるには

ピボットテーブルを作成するとき、「商品名」や「顧客名」といった文字列のフィールドを「値」ボックスにドラッグすると、自動的に「個数」が求められます。したがって、販売件数などを求めるためにセルの個数を数えたい場合は、いずれかの文字列のフィールドを「値」ボックスに追加すれば、集計の種類を変更する手間を省くことができ、効率的です。

集計方法を「平均」に変更する

　集計方法を変更するには、「値フィールドの設定」ダイアログボックスを開く必要があります。ピボットテーブル内の「値」エリアの集計値のいずれかのセルで右クリックし、表示されるメニューから「値フィールドの設定」を選択します（図3-3）。

図3-3　「値フィールドの設定」ダイアログボックスを開く

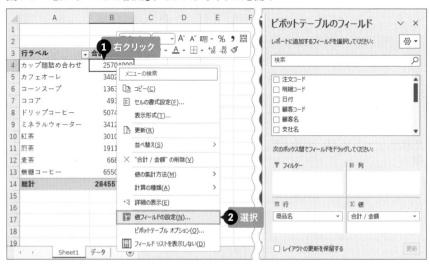

ONEPOINT

「ピボットテーブルのフィールド」作業ウィンドウの「値」ボックスに表示された「合計/金額」をクリックすると、「値フィールドの設定」という項目が表示されるので、それを選択しても「値フィールドの設定」ダイアログボックスを開くことができます。

　「値フィールドの設定」ダイアログボックスでは、「選択したフィールドのデータ」に集計方法の一覧が表示され、初期値である「合計」が選択されています。ここで集計方法を変更できます。「平均」を選択すると、集計の方法が「平均」に変わります（図3-4）。同時に、「名前の指定」には「平均/金額」と表示されます。

図3-4 集計方法を「平均」に変更する

「OK」をクリックしてダイアログボックスを閉じると、**図3-1**のAfterのように、集計が合計から平均に変わります。これで、それぞれの商品の売上金額の平均が求められました。

なお、合計と平均の両方を表示することもできます。

参照→ **3-4-5 複数の集計方法の結果を表示する**

ONE POINT

平均値を求める際、割り切れない場合は小数点以下の桁が延々と続くため、小数部分が長々と表示されてしまいます。このままでは見栄えが悪いため、セルの表示形式を変更して、整数で表示するとよいでしょう（**図3-5**）。

参照→ **3-4-1 集計値に桁区切りのカンマを表示する**

図3-5 整数で表示した例

	A	B	C
1			
2			
3	**行ラベル** ▼	**平均 / 金額**	
4	カップ麺詰め合わせ	177,269	
5	カフェオーレ	596,939	
6	コーンスープ	139,133	
7	ココア	68,521	
8	ドリップコーヒー	757,313	
9	ミネラルウォーター	118,473	
10	紅茶	310,361	
11	煎茶	132,722	
12	麦茶	133,650	
13	無糖コーヒー	977,612	
14	**総計**	**262,265**	
15			

3-2-1 商品分類、販売エリアなどの構成比を求める

> それぞれの商品分類が売上全体に占める割合を求めるには、商品分類ごとに売上構成比を算出します。構成比を求める計算は「集計に対する比率」を使って求められます。

行方向、列方向の比率（構成比）を求めたい

　ピボットテーブルでは、右端の列や最下行に総計を表示します。図3-6のBeforeのピボットテーブルでは、8行目にそれぞれの販売エリアにおける売

図3-6　売上金額を構成比に変更する

Before

	A	B	C	D	E
1					
2					
3	合計 / 金額	列ラベル			
4	行ラベル	東京都内	南関東	北関東	総計
5	お茶	18,056,250	31,558,950	6,284,250	55,899,450
6	コーヒー	56,760,000	21,513,000	71,992,500	150,265,500
7	その他	45,020,700	24,669,600	8,702,400	78,392,700
8	総計	119,836,950	77,741,550	86,979,150	284,557,650

After

	A	B	C	D	E
1					
2					
3	合計 / 金額	列ラベル			
4	行ラベル	東京都内	南関東	北関東	総計
5	お茶	15.07%	40.59%	7.23%	19.64%
6	コーヒー	47.36%	27.67%	82.77%	52.81%
7	その他	37.57%	31.73%	10.01%	27.55%
8	総計	100.00%	100.00%	100.00%	100.00%

上金額を合計しています。そこで、この列方向の総計をそれぞれ100％としたときに、「お茶」、「コーヒー」、「その他」の各分類の金額が何％を占めるか（構成比）を求めてみましょう。

通常、構成比を求めるには、各商品分類の金額を全体の合計金額で割り算する必要がありますが、ピボットテーブルでは、**「計算の種類」** を選ぶだけで構成比を求められます。

Afterのピボットテーブルがその結果で、「東京都内」や「南関東」といった販売エリアごとに、各商品分類の割合が表示されます。これを見ると、「東京都内」における「コーヒー」の比率は47.36％ですが、「北関東」における「コーヒー」の比率は82.77％と突出しています。この例のように、**列方向の比率を求めると、販売エリアごとに強い商品分類が何かを分析できます。**

列の集計に対する比率を求める

では、列方向の比率を求めましょう。ピボットテーブル内の「値」エリアの集計値のいずれかのセルで右クリックし、表示されるメニューから「値フィールドの設定」を選択します（**図3-7**）。

図3-7 「値フィールドの設定」ダイアログボックスを開く

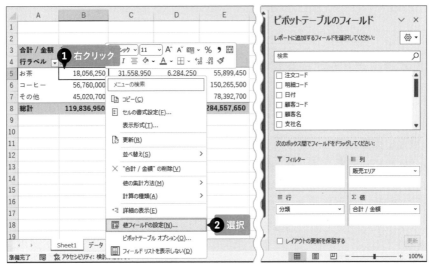

「値フィールドの設定」ダイアログボックスが開くので、「計算の種類」タブを選択し、「計算の種類」の ▽ をクリックすると、計算方法の一覧が表示されます。ここから「列集計に対する比率」を選択しましょう（図3-8）。

　「OK」をクリックすると、図3-6のAfterのように、集計の内容が列方向の比率に変わります。これで、それぞれの販売エリアにおける商品分類別の構成比が求められました。

図3-8　計算の種類を「列集計に対する比率」に変更する

総計に対する比率を求める

　販売エリア別ではなく、売上金額の総合計に対するそれぞれの明細の比率を求めるには、「値フィールドの設定」ダイアログボックスを開いた際に、「計算の種類」で「総計に対する比率」を選択します。

　「総計に対する比率」は、図3-9のように、E8セルの総合計を100％とした場合に、B5セルからD7セルのそれぞれの集計値が何％になるのかが表示されます。この結果を見れば、北関東におけるコーヒーの売上金額が25.30％と、売上全体に占める割合が最も高いことがわかります（D6セルの数値）。

図3-9　計算の種類を「総計に対する比率」にした場合

	A	B	C	D	E
1					
2					
3	合計 / 金額	列ラベル ▾			
4	行ラベル ▾	東京都内	南関東	北関東	総計
5	お茶	6.35%	11.09%	2.21%	19.64%
6	コーヒー	19.95%	7.56%	25.30%	52.81%
7	その他	15.82%	8.67%	3.06%	27.55%
8	総計	42.11%	27.32%	30.57%	100.00%

行の集計に対する比率を求める

　たとえば「お茶」、「コーヒー」、「その他」という各商品分類の売上合計を
それぞれ100％として、各販売エリアの占める比率を求めることもできま
す。「値フィールドの設定」ダイアログボックスを開き、「計算の種類」で「行
集計に対する比率」を選択します。

　「行集計に対する比率」を選択した結果は、**図3-10**のようになります。5
行目の「お茶」の構成比を見ると、C5セルに表示された「南関東」の売上が
56.46％となっており、お茶の販売では南関東の売上が過半数を占めている
ことがわかります。

図3-10　計算の種類を「行集計に対する比率」にした場合

	A	B	C	D	E
1					
2					
3	合計 / 金額	列ラベル ▾			
4	行ラベル ▾	東京都内	南関東	北関東	総計
5	お茶	32.30%	56.46%	11.24%	100.00%
6	コーヒー	37.77%	14.32%	47.91%	100.00%
7	その他	57.43%	31.47%	11.10%	100.00%
8	総計	42.11%	27.32%	30.57%	100.00%

3-2-2 特定の商品分類などを基準にした売上比率を求める

「商品Aを100%としたとき、商品BやCは商品Aの何倍売れているか」を求めるような、込み入った比率も求められます。この場合、計算の種類から「基準値に対する比率」を選びます。

主力の商品分類を基準にした金額の比率を求めたい

　ここでは、「お茶」、「コーヒー」、「その他」という3つの分類の商品を扱う会社を例にします。この会社の主力商品はコーヒー飲料です。そこで、ピ

図3-11　基準となる金額から比率を求める

Before

	A	B	C	D	E
1					
2					
3	合計 / 金額	列ラベル			
4	行ラベル	東京都内	南関東	北関東	総計
5	お茶	18,056,250	31,558,950	6,284,250	55,899,450
6	コーヒー	56,760,000	21,513,000	71,992,500	150,265,500
7	その他	45,020,700	24,669,600	8,702,400	78,392,700
8	総計	119,836,950	77,741,550	86,979,150	284,557,650

After

	A	B	C	D	E
1					
2					
3	合計 / 金額	列ラベル			
4	行ラベル	東京都内	南関東	北関東	総計
5	お茶	31.81%	146.70%	8.73%	37.20%
6	コーヒー	100.00%	100.00%	100.00%	100.00%
7	その他	79.32%	114.67%	12.09%	52.17%
8	総計				

ボットテーブルの集計方法を変更して、コーヒーの金額を100%としたときの他の商品分類の比率を求めてみます。

結果が、図3-11のAfterです。6行目のコーヒーの集計値はすべて100%になります。それぞれの販売エリアにおける比率を見ると、東京都内のお茶の売上金額は、コーヒーの31.81％（B5セル）に過ぎませんが、南関東では146.70％（C5セル）になります。南関東では、お茶の販売額がコーヒーの約1.5倍に上ることがわかります。

コーヒーを基準にした比率を求める

図3-12のピボットテーブルは、「分類」フィールドを行ラベル、「販売エリア」フィールドを列ラベル、「金額」を「値」のエリアに配置して、分類別・販売エリア別に売上金額を求めています。

それでは、比率を求めましょう。ピボットテーブル内の「値」エリアの集計値のいずれかのセルで右クリックし、表示されるショートカットメニューから「値フィールドの設定」を選択します。

図3-12 「値フィールドの設定」ダイアログボックスを開く

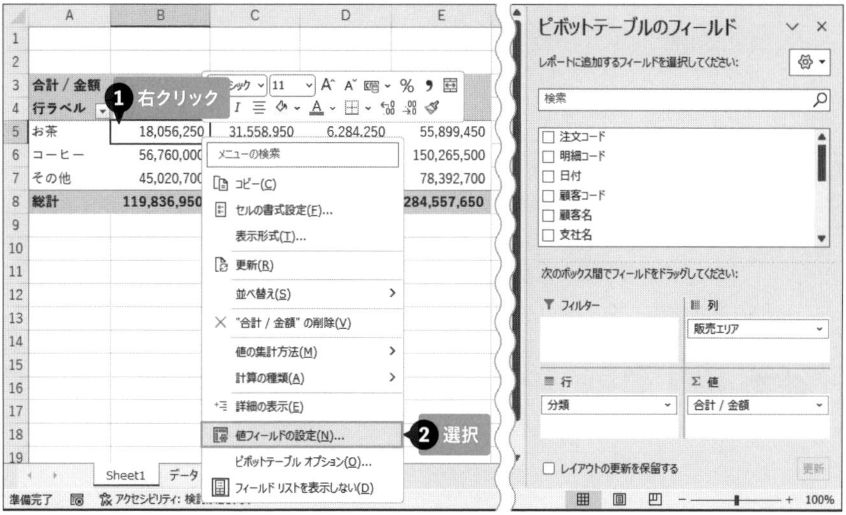

「値フィールドの設定」ダイアログボックスが開くので、「計算の種類」タブを選択し、「基準値に対する比率」を選択します。

　「基準フィールド」で「分類」を選択し、「基準アイテム」で「コーヒー」を選択します（**図3-13**）。「OK」をクリックすると、**図3-11**のAfterのように、集計の内容が変わります。これで「分類」フィールドの「コーヒー」を基準にした比率が求められます。

図3-13　計算の種類を変更して基準値に対する比率を求める

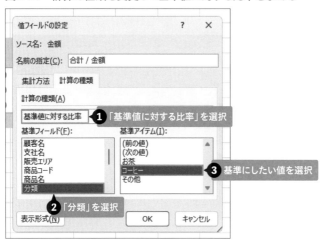

👆**ONEPOINT**

比率を求めると、集計値は自動的にパーセント表示になり、「31.81%」のように小数第2位まで表示されます。これを小数第1位までの表示に変更するには、「値フィールドの設定」ダイアログボックスで「表示形式」をクリックします。すると「セルの書式設定」ダイアログボックスが開くので、「分類」から「パーセンテージ」を選び、「小数点以下の桁数」に「1」を指定します。

参照→ **3-4-1 集計値に桁区切りのカンマを表示する**

計算の種類

「値フィールドの設定」ダイアログボックスの「計算の種類」タブでは、**図3-14**にあるような内容の計算を指定できます。目的に合った計算の種類を選ぶとよいでしょう。

図3-14　計算の種類

計算の種類	内容
計算なし	「集計の方法」タブで選択した計算結果をそのまま表示する
総計に対する比率	総合計に対する各項目の比率を求める
列集計に対する比率	列の合計に対する各項目の比率を求める
行集計に対する比率	行の合計に対する各項目の比率を求める
基準値に対する比率	「基準フィールド」の「基準アイテム」で選択した数値に対する比率を求める
親行集計に対する比率	「項目の数値÷行ラベルの親項目の数値」を計算する
親列集計に対する比率	「項目の数値÷列ラベルの親項目の数値」を計算する
親集計に対する比率	「項目の数値÷『基準フィールド』で選択したフィールドの親項目」を計算する
基準値との差分	「基準フィールド」の「基準アイテム」で選択した数値との差を求める
基準値と差分の比率	「『基準フィールド』の『基準アイテム』で選択した数値との差÷『基準フィールド』の『基準アイテム』で選択した数値」を計算する
累計	「基準フィールド」の数値の累計を求める
比率の累計	「基準フィールド」の数値の比率の累計を求める
昇順での順位	数値を昇順に並べたときの順位を求める
降順での順位	数値を降順に並べたときの順位を求める
指数（インデックス）	（「セルの数値」×「総計」）÷（「行の総計」×「列の総計」）を求める

3 - 2 - 3 前月比や前年比を求める

> 売上金額が前の月に比べて何%増減したかを求めるには、前月比を算出します。ピボットテーブルなら計算式を入力しなくても、計算の種類を変更するだけで前月比や前年比を求めることができます。

前月比を求め、商品分類ごとに成長率を調べたい

図3-15のBeforeのピボットテーブルは、「分類」フィールドを行ラベルに、「日付」フィールドを列ラベルに、「金額」を「値」のエリアに配置して、

図3-15 売上金額を前月比に変更する

Before

合計 / 金額	列ラベル							
	⊟2022年							
行ラベル	1月	2月	3月	4月	5月	6月	7月	8月
お茶	2,114,100	2,249,100	2,023,650	2,149,200	2,050,650	2,230,200	2,303,100	2,249,100
コーヒー	7,038,750	6,768,750	6,048,750	6,635,000	7,621,250	9,776,250	8,666,000	5,565,750
その他	2,778,000	2,973,900	3,072,900	2,898,600	3,164,400	2,995,800	3,044,100	3,012,000
総計	11,930,850	11,991,750	11,145,300	11,682,800	12,836,300	15,002,250	14,013,200	10,826,850

After

合計 / 金額	列ラベル							
	⊟2022年							
行ラベル	1月	2月	3月	4月	5月	6月	7月	8月
お茶		6.39%	-10.02%	6.20%	-4.59%	8.76%	3.27%	-2.34%
コーヒー		-3.84%	-10.64%	9.69%	14.86%	28.28%	-11.36%	-35.77%
その他		7.05%	3.33%	-5.67%	9.17%	-5.33%	1.61%	-1.05%
総計		0.51%	-7.06%	4.82%	9.87%	16.87%	-6.59%	-22.74%

各月の売上金額を商品分類別に求めています。

　売上金額の前月比を求めると、当月の売上が前月の売上金額の何％増減したのかを把握できます。これは、どの商品分類が伸びているのかといった成長の度合いを調べるときに役立ちます。

　前月比は、「(当月の売上金額−前月の売上金額)÷前月の売上金額」という計算式で求めますが、ピボットテーブルでは計算式を使わずに前月比を求められます。

　結果は、図3-15のAfterのようになります。これを見ると、コーヒーはマイナスになっている月が多いことがわかります。なお、先頭の1月が空欄になっているのは、前の月が存在しないので前月比を計算できないためです。

金額の前月比を求める

　ピボットテーブル内の「値」エリアの集計値のいずれかのセルで右クリックし、表示されるメニューから「値フィールドの設定」を選択します（図3-16）。

図3-16　「値フィールドの設定」ダイアログボックスを開く

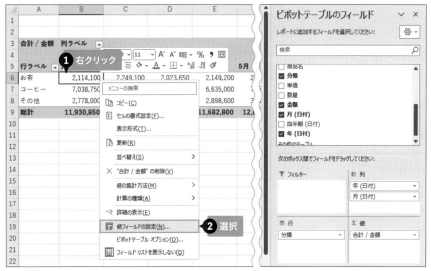

「値フィールドの設定」ダイアログボックスが開くので、「計算の種類」タブを選択し、「基準値との差分の比率」を選択します。

続けて、差分を求める基準となるフィールドを指定します。ここでは月単位の日付になるため、「基準フィールド」で「月」を選択し、「基準アイテム」で「(前の値)」を選択します（**図3-17**）。「OK」をクリックすると、**図3-15**のAfterのように、金額の前月比が求められます。

図3-17　計算の種類を変更して前月比を求める

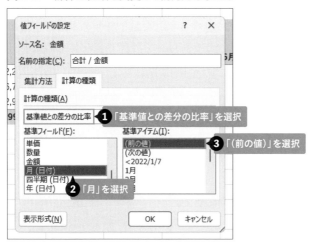

ONE POINT

前年比を求める場合は、まずピボットテーブルの列ラベルを年だけの表示にしておきます。

次に、前月比と同様の手順で「値フィールドの設定」ダイアログボックスを開き、「計算の種類」から「基準値との差分の比率」を選択したら、「基準フィールド」から「年」を選択し、「基準アイテム」から「(前の値)」を選択します。

参照→ 5-4-1 日付を年、四半期、月単位でグループ化する

CAUTION

Excel2021や2019を利用している場合で、本書のサンプルデータ以外のピボットテーブルを使い前月比や前月からの増減額を求める場合は、**図3-17**、**図3-18**の「基準フィールド」で「日付」を選択します。

前月売上からの増減額を求める

比率ではなく、単純に当月と前月の売上金額の差額を求めることもできます。

図3-16で示した手順で「値フィールドの設定」ダイアログボックスを開いたら、「計算の種類」から「基準値との差分」を選択します。続けて「基準フィールド」から「月」を選択し、「基準アイテム」から「(前の値)」を選択します（図3-18）。

図3-18　計算の種類を変更して前月との差額を求める

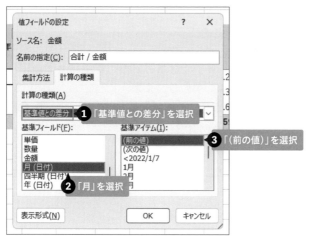

これで当月の売上金額から前月の売上金額を引いた差額がセルに表示されます（図3-19）。

図3-19　前月との差額が表示された

	A	B	C	D	E	F	G	H	I
1									
2									
3	合計 / 金額	列ラベル							
4		⊟2022年							
5	行ラベル	1月	2月	3月	4月	5月	6月	7月	8月
6	お茶		135,000	-225,450	125,550	-98,550	179,550	72,900	-54,000
7	コーヒー		-270,000	-720,000	586,250	986,250	2,155,000	-1,110,250	-3,100,250
8	その他		195,900	99,000	-174,300	265,800	-168,600	48,300	-32,100
9	総計		60,900	-846,450	537,500	1,153,500	2,165,950	-989,050	-3,186,350

3-2-4 金額などを上から足して累計を求める

集計値を上から順に加算した累計表を作ると、「2022年第4四半期」といった特定の時点における総合計がすぐにわかります。ピボットテーブルでは、計算の方法から「累計」を選択するだけで累計金額表を作れます。

売上金額の隣の列に累計を求めたい

金額などのデータを上から順に足し算する「累計」も、ピボットテーブルなら計算式を指定することなく、簡単に求められます。

図3-20は、四半期ごとに金額の合計を求めたピボットテーブルに、累計を追加したものです。C列、E列、G列、I列にはそれぞれ左隣の列に集計された金額を上から順に足し算した累計が表示されています。これを見れば、指定した四半期の時点での、その年の売上総額がすぐにわかります。なお、年が変わると累計はリセットされます。

図3-20　売上金額の累計を求める

行ラベル	東京都内 合計 / 金額	累計	南関東 合計 / 金額	累計	北関東 合計 / 金額	累計	全体の 合計 / 金額	全体の 累計
2022年								
第1四半期	12,360,900	12,360,900	13,786,800	13,786,800	8,920,200	8,920,200	35,067,900	35,067,900
第2四半期	14,082,000	26,442,900	15,654,850	29,441,650	9,784,500	18,704,700	39,521,350	74,589,250
第3四半期	13,925,700	40,368,600	11,514,800	40,956,450	9,370,500	28,075,200	34,811,000	109,400,250
第4四半期	15,034,050	55,402,650	6,950,700	47,907,150	10,321,200	38,396,400	32,305,950	141,706,200
2022年 集計	55,402,650		47,907,150		38,396,400		141,706,200	
2023年								
第1四半期	15,165,600	15,165,600	6,815,400	6,815,400	10,332,150	10,332,150	32,313,150	32,313,150
第2四半期	14,884,200	30,049,800	7,595,100	14,410,500	12,124,350	22,456,500	34,603,650	66,916,800
第3四半期	16,056,600	46,106,400	7,323,000	21,733,500	11,912,100	34,368,600	35,291,700	102,208,500
第4四半期	18,327,900	64,434,300	8,100,900	29,834,400	14,214,150	48,582,750	40,642,950	142,851,450
2023年 集計	64,434,300		29,834,400		48,582,750		142,851,450	
総計	119,836,950		77,741,550		86,979,150		284,557,650	

累計はデータ分析で使用するパレート図などのグラフでも利用するため、計算方法を知っておくとよいでしょう。

金額欄を追加して、そのうちの1つを累計に変更する

ここでは、累計データと通常の金額データを比較できるようにするため、あらかじめ、「金額」フィールドの「合計」をもう1つ「値」のエリアに追加しておきます。また、2022年、2023年の小計金額をグループの末尾に表示しておきます。

「合計/金額2」と表示された部分が、2つ目の「金額の合計」です（図3-21）。この集計の種類を「累計」に変更します。

参照→ 3-4-5 複数の集計方法の結果を表示する

参照→ 4-3-3 小計の表示方法を変更する

図3-21 「合計」と小計金額を追加する

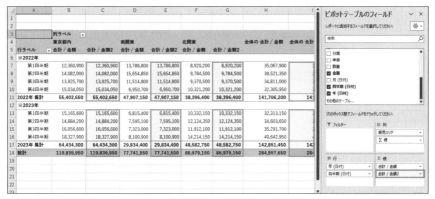

ピボットテーブル内の「値」エリアにある「合計/金額2」の集計値のいずれかのセルで右クリックし、表示されるメニューから「値フィールドの設定」を選択します（図3-22）。

図3-22　「値フィールドの設定」ダイアログボックスを開く

	A	B	C	D	E	F	G	H	I
3		列ラベル							
4		東京都内		南関東		北関東		全体の 合計 / 金額	全体の 合計 / 金額2
5	行ラベル	合計 / 金額	合計 / 金額	合計 / 金額2		合計 / 金額2	合計 / 金額2		
6	⊟2022年								
7	第1四半期		12,360,900	13,786,800	13,786,800	8,920,200	8,920,200	35,067,900	35,067,900
8	第2四半期	14,082,000	14,082,0			9,784,500	9,784,500	39,521,350	39,521,350
9	第3四半期	13,925,700	13,925,7			9,370,500	9,370,500	34,811,000	34,811,000
10	第4四半期	15,034,050	15,034,0			10,321,200	10,321,200	32,305,950	32,305,950
11	2022年 集計	55,402,650	55,402,6			38,396,400	38,396,400	141,706,200	141,706,200
12	⊟2023年								
13	第1四半期	15,165,600	15,165,6			10,332,150	10,332,150	32,313,150	32,313,150
14	第2四半期	14,884,200	14,884,2			12,124,350	12,124,350	34,603,650	34,603,650
15	第3四半期	16,056,600	16,056,6			11,912,100	11,912,100	35,291,700	35,291,700
16	第4四半期	18,327,900	18,327,9			14,214,150	14,214,150	40,642,950	40,642,950
17	2023年 集計	64,434,300	64,434,3			48,582,750	48,582,750	142,851,450	142,851,450
18	総計	119,836,950	119,836,9			86,979,150	86,979,150	284,557,650	284,557,650

（右クリック ❶ / 値フィールドの設定(N)... ❷ 選択）

「値フィールドの設定」ダイアログボックスが開くので、「計算の種類」タブを選択し、「累計」を選択します。

続けて、累計を求める単位となるフィールドを指定します。ここでは四半期単位で加算するため、「基準フィールド」で「四半期」を選択します。「OK」をクリックすると、2つ目の合計欄が累計に変更されます（**図3-23**）。

なお、**図3-20**の完成図では、「合計 / 金額2」の列見出しを「累計」に変更しています。

参照➡ **3-4-3** 項目見出しが簡潔になるように変更する

図3-23　計算の種類を変更して四半期の累計を求める

金額を順に足した累計ではなく、それぞれの年における各四半期の売上金額の比率を求め、それを累計することもできます。この場合は、「値フィールドの設定」ダイアログボックスを開き、「計算の種類」から「比率の累計」を選択します。続けて「基準フィールド」から「四半期」を選択します。

結果は**図3-24**のようになり、1年の売上を100%としたときに、各四半期の時点でそのうち何%を達成していたのかがわかります。

図3-24　四半期の比率を累計することもできる

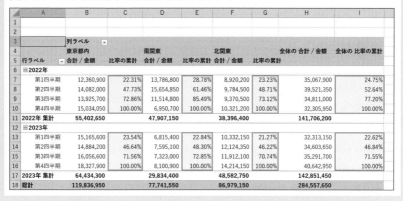

	A	B	C	D	E	F	G	H	I
1									
2									
3		列ラベル							
4		東京都内		南関東		北関東		全体の 合計 / 金額	全体の 比率の累計
5	行ラベル	合計 / 金額	比率の累計	合計 / 金額	比率の累計	合計 / 金額	比率の累計		
6	⊟2022年								
7	第1四半期	12,360,900	22.31%	13,786,800	28.78%	8,920,200	23.23%	35,067,900	24.75%
8	第2四半期	14,082,000	47.73%	15,654,850	61.46%	9,784,500	48.71%	39,521,350	52.64%
9	第3四半期	13,925,700	72.86%	11,514,800	85.49%	9,370,500	73.12%	34,811,000	77.20%
10	第4四半期	15,034,050	100.00%	6,950,700	100.00%	10,321,200	100.00%	32,305,950	100.00%
11	2022年 集計	55,402,650		47,907,150		38,396,400		141,706,200	
12	⊟2023年								
13	第1四半期	15,165,600	23.54%	6,815,400	22.84%	10,332,150	21.27%	32,313,150	22.62%
14	第2四半期	14,884,200	46.64%	7,595,100	48.30%	12,124,350	46.22%	34,603,650	46.84%
15	第3四半期	16,056,600	71.56%	7,323,000	72.85%	11,912,100	70.74%	35,291,700	71.55%
16	第4四半期	18,327,900	100.00%	8,100,900	100.00%	14,214,150	100.00%	40,642,950	100.00%
17	2023年 集計	64,434,300		29,834,400		48,582,750		142,851,450	
18	総計	119,836,950		77,741,550		86,979,150		284,557,650	

3-2-5 金額の高い順に順位を付ける

商品などの売れ行きを把握するには、売上金額の高い順に順位を表示すれば一目瞭然です。ピボットテーブルなら、昇順、降順の順位も集計欄に表示できます。

売上金額の高いものから順位を付けたい

図3-25のピボットテーブルでは、売れ筋の商品がどれかをすばやく確認できるよう、金額の列の右に順位を表示しました。

一般に、順位を求めるには関数を利用しますが、ピボットテーブルでは関数を設定しなくても順位を求められます。また、金額の高い順にピボットテーブルの商品名を並べ替えることも可能です。

参照→ 5-1-1 合計金額の高い順に並べ替える

図3-25 売上金額の順位を表示する

行ラベル	合計 / 金額	順位
カップ麺詰め合わせ	25,704,000	6
カフェオーレ	34,025,500	4
コーンスープ	13,635,000	8
ココア	4,933,500	10
ドリップコーヒー	50,740,000	2
ミネラルウォーター	34,120,200	3
紅茶	30,105,000	5
煎茶	19,111,950	7
麦茶	6,682,500	9
無糖コーヒー	65,500,000	1
総計	284,557,650	

降順での順位を表示する

あらかじめ、「金額」フィールドの「合計」をもう1つ「値」のエリアに追加しておきます。

ピボットテーブル内の「値」エリアにある「合計/金額2」の集計値のいずれかのセルで右クリックし、表示されるメニューから「値フィールドの設定」を選択します（図3-26）。

参照→ 3-4-5 複数の集計方法の結果を表示する

図3-26 「合計」を追加して「値フィールドの設定」ダイアログボックスを開く

「値フィールドの設定」ダイアログボックスが開くので、「計算の種類」タブを選択し、「計算の種類」の一覧から「降順での順位」を選択します。次に、並べ替えの基準となるフィールドとして「基準フィールド」から「商品名」を選択します（**図3-27**）。「OK」をクリックすると、**図3-25**の完成図のように順位が表示されます。

なお、**図3-25**では、「合計/金額2」の列見出しを「順位」に変更しています。

参照→ 3-4-3 項目見出しが簡潔になるように変更する

図3-27 計算の種類を変更して順位を表示する

3 - 3 - 1 「消費税額」や「税込合計」を求める計算をする

> ピボットテーブルでは、既存のフィールドの値を使って四則演算などの計算を行うこともできます。ピボットテーブルで計算式を使うには、「集計フィールド」を作成して、フィールドの名前や計算式の内容を設定します。

「金額」フィールドをもとに「消費税額」や「税込合計」を計算したい

ピボットテーブルでは、「値」のエリアにフィールドを追加して「合計」や「平均」といった集計を行いますが、ピボットテーブル上で加減乗除の記号を使った計算式を設定し、その結果を表示することもできます。

たとえば、商品名ごとに金額を合計した図3-28のピボットテーブルでは、B列の合計金額に税率8％を掛け算して、C列に各商品の「消費税額」を求めています。また、B列の合計金額にC列の「消費税額」を加算してD列に「税込合計」を表示しています。

このように、四則演算などの計算式によって求めた内容をピボットテーブルに表示するには、**「集計フィールド」**を作ります。

図3-28 「消費税額」や「税込合計」を計算する

行ラベル	合計 / 金額	合計 / 消費税額	合計 / 税込合計
カップ麺詰め合わせ	25,704,000	2,056,320	27,760,320
カフェオーレ	34,025,500	2,722,040	36,747,540
コーンスープ	13,635,000	1,090,800	14,725,800
ココア	4,933,500	394,680	5,328,180
ドリップコーヒー	50,740,000	4,059,200	54,799,200
ミネラルウォーター	34,120,200	2,729,616	36,849,816
紅茶	30,105,000	2,408,400	32,513,400
煎茶	19,111,950	1,528,956	20,640,906
麦茶	6,682,500	534,600	7,217,100
無糖コーヒー	65,500,000	5,240,000	70,740,000
総計	284,557,650	22,764,612	307,322,262

消費税額　税込合計

「消費税額」を求める集計フィールドを設定する

図3-29のピボットテーブルに「消費税額」という集計フィールドを追加して、「金額×0.08」となる計算式を設定しましょう。

ピボットテーブル内の任意のセルを選択し、「ピボットテーブル分析」タブの「フィールド/アイテム/セット」から「集計フィールド」を選択します。

図3-29　「集計フィールドの挿入」ダイアログボックスを開く

「集計フィールドの挿入」ダイアログボックスが開きます。まず、「名前」に作成する集計フィールドの名称を「消費税額」と入力します。

次に、「数式」欄に計算式の内容を入力していきます。「フィールド」欄から「金額」を選択し、「フィールドの挿入」をクリックします（**図3-30**）。

図3-30　「消費税額」集計フィールドの設定①

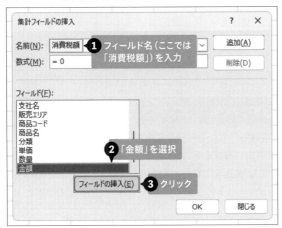

すると、「数式」に「＝金額」と表示されます。続きの部分に「*0.08」と入力すれば、「＝金額*0.08」という計算式が完成します（図3-31）。「OK」をクリックすると、図3-28のように「合計/消費税額」フィールドがピボットテーブルに表示されます。

図3-31　「消費税額」集計フィールドの設定②

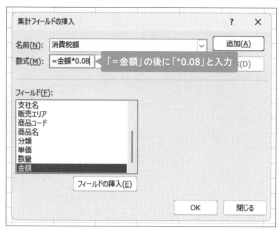

0
1
2
3
4
5
6
7
8

集計の応用テクニックいろいろ

👍ONEPOINT

計算式は、次のような演算子（記号）を使って作成します。なお、演算子はいずれも半角で入力します。

●足し算→「+」、引き算→「-」、掛け算→「*」、割り算→「/」

⚡COLUMN　関数の式も設定できる

　集計フィールドには、四則演算だけでなく一部の関数も設定できます。
　たとえば、税抜金額に0.08を掛け算すると1円未満の端数が表示されてしまう場合は、小数部分を切り捨てて整数表示にするINT関数を使いましょう。この場合、「消費税額」を求める集計フィールドの計算式には「＝INT（金額*0.08)」と入力します。

「税込合計」を求める集計フィールドを設定する

　「消費税額」が表示されたら、もう1つ集計フィールドを追加して、税込合計を求めましょう。税込合計は「金額＋消費税額」という式で求められます。

　作成手順は、「消費税額」を求めた場合と同じです。ピボットテーブル内の任意のセルを選択し、「ピボットテーブル分析」タブの「フィールド/アイテム/セット」から「集計フィールド」を選択します。

　「集計フィールドの挿入」ダイアログボックスが開いたら、「名前」に「税込合計」と入力します。続けて、「数式」に「＝金額＋消費税額」という計算式を設定します。なお、フィールド名「金額」と「消費税額」は、「フィールド」欄から選択し、「フィールドの挿入」をクリックして入力しましょう（図3-32）。「OK」をクリックすると、図3-28のように、D列に「合計/税込合計」フィールドが表示されます。

図3-32　「税込合計」集計フィールドの設定

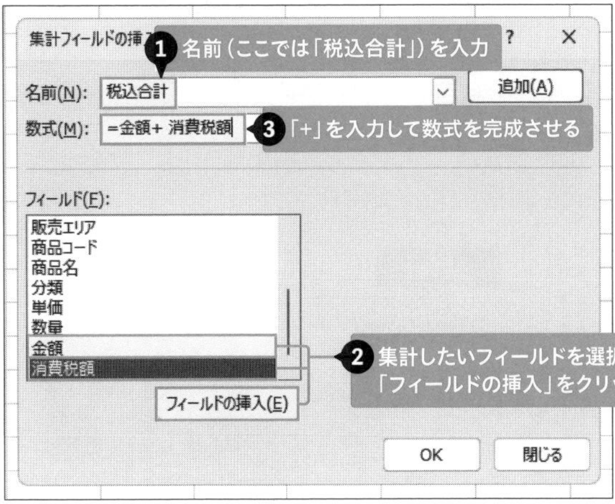

- **1** 名前（ここでは「税込合計」）を入力
- 名前(N)：税込合計
- 追加(A)
- 数式(M)：=金額+ 消費税額　**3** 「+」を入力して数式を完成させる
- フィールド(E)：
  - 販売エリア
  - 商品コード
  - 商品名
  - 分類
  - 単価
  - 数量
  - 金額
  - 消費税額
- **2** 集計したいフィールドを選択して「フィールドの挿入」をクリック
- フィールドの挿入(E)
- OK　閉じる

● ONE POINT

集計フィールドを削除するには、「集計フィールドの挿入」ダイアログボックスの「名前」の ⌄ をクリックして、削除したい集計フィールドを選択し、「削除」ボタンをクリックします。また、集計フィールドの内容を変更するには、変更したい集計フィールドを選択してから数式などを修正し、「変更」ボタンをクリックします。

3-3-2 行や列に集計用の項目を追加する

行ラベルや列ラベルにオリジナルの項目を追加して集計したい場合は、「集計アイテム」を使います。集計アイテムを使うと、リストのフィールドにはない内容を見出しにして集計表をわかりやすく加工できます。

一部の項目を集計して、新たな項目を作りたい

図3-33のBeforeのピボットテーブルでは、「東京都内」、「南関東」、「北関東」という3つの販売エリアを行ラベルに指定して、売上金額を合計しています。「東京都内」に対して、東京都以外のエリアの金額の合計を知りたい場合、このピボットテーブルでは、「南関東」と「北関東」の金額を手作業で合計しなければなりません。

こんなときは、「**集計アイテム**」を利用して、「南関東」と「北関東」の金額の合計を表示する項目を追加しましょう。

図3-33 集計用の行を追加する

新規の集計アイテムを追加する

行ラベルの「販売エリア」フィールド内の任意のセルを選択し、「ピボット

テーブル分析」タブの「フィールド/アイテム/セット」から「集計アイテム」を選択します（図3-34）。

図3-34 「集計アイテムの挿入」ダイアログボックスを開く

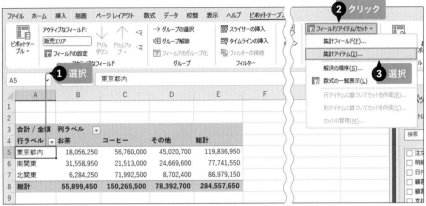

「"販売エリア"への集計アイテムの挿入」ダイアログボックスが開きます。「名前」に作成する集計アイテムの名称を「東京都以外」と入力します。次に「フィールド」にある「販売エリア」を選択し、「アイテム」に表示された「南関東」をクリックして、「アイテムの挿入」をクリックします（図3-35）。

図3-35 集計アイテムの設定①

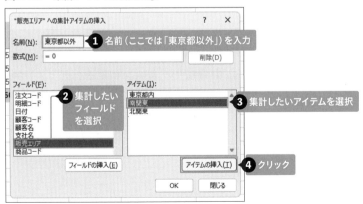

「数式」に「＝南関東」と表示されます。「＋」を入力し、「アイテム」から

「北関東」をクリックして「アイテムの挿入」をクリックすると、「＝南関東＋北関東」という計算式が完成します（**図3-36**）。「OK」をクリックすると、「東京都以外」という行がピボットテーブルに追加されます。

図3-36　集計アイテムの設定②

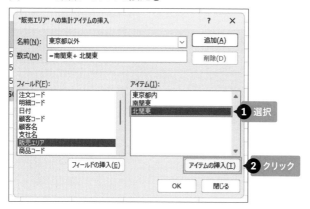

0
1
2
3
4
5
6
7
8

集計の応用テクニックいろいろ

／ CAUTION

集計アイテムは、グループ化されたフィールドがあると作成できません。特に、日付が「年」、「四半期」などに自動的にグループ化されている場合は、それらのフィールドをピボットテーブルに表示していなくても、集計アイテムを作成できないというメッセージが表示されます。この場合は、いったん、「年」、「四半期」、「月」、「日付」などいずれかの日付のフィールドを行ラベルや列ラベルに追加して、グループ化を解除しましょう。

また、集計アイテムを含むピボットテーブルでは、平均、標準偏差、分散の集計を設定できません。

参照→ 5-4-1 日付を年、四半期、月単位でグループ化する

個別のアイテムが重複されないようにする

ここまでの操作で、「東京都以外」という集計アイテムがピボットテーブルに表示されました（**図3-37**）。

図3-37　新規の集計アイテム（東京都以外）が表示された

	A	B	C	D	E
1					
2					
3	合計 / 金額	列ラベル			
4	行ラベル	お茶	コーヒー	その他	総計
5	東京都内	18,056,250	56,760,000	45,020,700	119,836,950
6	南関東	31,558,950	21,513,000	24,669,600	77,741,550
7	北関東	6,284,250	71,992,500	8,702,400	86,979,150
8	東京都以外	37,843,200	93,505,500	33,372,000	164,720,700
9	総計	93,742,650	243,771,000	111,764,700	449,278,350

　集計アイテムを追加した場合は、図3-38のようにフィルター機能を使っ
て、その集計アイテムに含まれる個別のアイテムを非表示にしてください
（この例では、図3-37の後、A4セルの▼をクリックし、「北関東」と「南関
東」のチェックを外します）。こうしないと、総計が重複して計算されてしま
うためです。

図3-38　総計が重複しないようにする

ONE POINT

集計アイテムを削除するには、「集計アイテムの挿入」ダイアログボックスの「名
前」から削除したい集計アイテムを選択し、「削除」ボタンをクリックします。

CHAPTER 3
SECTION 3
ITEM 2

行や列に集計用の項目を追加する

3 - 4 - 1 集計値に桁区切りの カンマを表示する

ピボットテーブルの集計結果は、表示形式を変更して桁区切りのカンマを設定すると見やすくなります。その際、小数点以下の桁数も同時に設定すると、平均値などを整数ですっきりと表示できます。

集計結果を見やすく表示したい

　ピボットテーブルに表示された集計値は、初期設定では、集計結果がそのまま表示されます。桁区切りのカンマを表示するなどして見やすくするには、「**表示形式**」を設定します。

　図**3-39**のBeforeのピボットテーブルでは、商品名ごとに売上金額の平均を求めています。このときB列には、平均が小数のまま表示されてしまいます。これを、Afterのように3桁区切りのカンマを付けた整数にして表示すると見やすくなります。

図**3-39**　3桁区切りのカンマを付けた整数で表示する

Before

	A	B	C
1			
2			
3	行ラベル ▼	平均 / 金額	
4	カップ麺詰め合わせ	177268.9655	
5	カフェオーレ	596938.5965	
6	コーンスープ	139132.6531	
7	ココア	68520.83333	
8	ドリップコーヒー	757313.4328	
9	ミネラルウォーター	118472.9167	
10	紅茶	310360.8247	
11	煎茶	132721.875	
12	麦茶	133650	
13	無糖コーヒー	977611.9403	
14	総計	262265.1152	

After

	A	B	C
1			
2			
3	行ラベル ▼	平均 / 金額	
4	カップ麺詰め合わせ	177,269	
5	カフェオーレ	596,939	
6	コーンスープ	139,133	
7	ココア	68,521	
8	ドリップコーヒー	757,313	
9	ミネラルウォーター	118,473	
10	紅茶	310,361	
11	煎茶	132,722	
12	麦茶	133,650	
13	無糖コーヒー	977,612	
14	総計	262,265	

値フィールドの数値に「表示形式」を設定する

平均が表示されたいずれかのセルの上で右クリックし、「値フィールドの設定」を選択します。

「値フィールドの設定」ダイアログボックスが開いたら、「表示形式」をクリックします（**図3-40**）。

図3-40 「値フィールドの設定」ダイアログボックスで「表示形式」を設定する

「セルの書式設定」ダイアログボックスが開くので、「分類」で「数値」を選択し、「桁区切り（,）を使用する」にチェックを入れます。

同時に、小数部分を表示せず整数として表示するには、「小数点以下の桁数」に「0」と指定します（**図3-41**）。「OK」を順にクリックすると、**図3-39**のAfterのような表示に変わります。

図3-41 「セルの書式設定」で桁区切りのカンマと整数での表示を設定

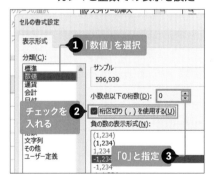

COLUMN 表示形式はボタンで設定してもよい

集計結果が表示されたセルをドラッグして選択し、「ホーム」タブの「桁区切りスタイル」ボタンをクリックしても、同様に3桁区切りのカンマを付けた整数として表示できます。

3 - 4 - 2 桁の大きな数値に単位を設定する（小さな桁を省略する）

桁の大きな数値は、千円単位、百万円単位など、小さな桁を省略して表示すると、ピボットテーブルの集計値がすっきりと見やすくなります。これはユーザー定義の表示形式で設定します。

合計を千円単位で表示したい

図3-42のBeforeのピボットテーブルでは、商品名ごとに売上金額の合計を求めています。B列には、「25,704,000」といった桁の大きな数値が並びますが、これを「25,704」のような千円単位の表示に変更しましょう。ユーザー定義の表示形式を設定すれば、百以下の桁を省略して数値を千単位で表示したり、十万以下の桁を省略して百万単位で表示したりすることができます。

なお、端数を省略した場合は、それがわかるように項目見出しも変更しましょう。Afterのピボットテーブルでは、B3セルの項目見出しを「金額（千円）」と変更しています。

参照→ **3-4-3** 項目見出しが簡潔になるように変更する

図3-42 千円単位で表示する

ユーザー定義の表示形式を設定する

　合計が表示されたいずれかのセルの上で右クリックし、「値フィールドの設定」を選択します。「値フィールドの設定」ダイアログボックスが開いたら、「表示形式」をクリックします。

　「セルの書式設定」ダイアログボックスが開くので、「分類」で「ユーザー定義」を選択し、「種類」に「#,##0,」と半角で入力します。これは、末尾の「0」の右の「,」が数値を千単位で表示させる指示です（図3-43）。「OK」を順にクリックして画面を閉じると、合計金額が図3-42のAfterのように千円単位で表示されます。

図3-43　「セルの書式設定」で千円単位での表示を設定

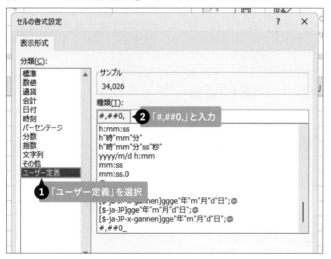

○ ONE POINT

「種類」に「#,##0,,」と半角で入力すると、百万円単位での表示にできます。

○ ONE POINT

表示形式を解除して元の数値の表示に戻すには、「セルの書式設定」ダイアログボックスの「分類」で「標準」を選択します。

3 - 4 - 3 項目見出しが簡潔になるように変更する

> ピボットテーブルの項目見出しには、「合計/金額」、「合計/消費税額」といった言葉が自動的に表示されます。これは、後から簡潔でわかりやすい見出しに変更することができます。

項目の見出しを変更したい

　ピボットテーブルを作成したとき、初期設定では、「行ラベル」、「合計/金額」、「合計/消費税額」などと表示されます。それでも支障はありませんが、簡潔でわかりやすい項目見出しにしたい場合は、後から変更できます。

　図3-44では、3行目の項目見出しを変更しています。「行ラベル」を「商品名」に、「合計/金額」を「税抜金額」のように変更すれば、表の内容がシンプルでわかりやすくなります。

図3-44　わかりやすい項目見出しに変更する

Before

	A	B	C	D	E
1					
2					
3	行ラベル ▼	合計 / 金額	合計 / 消費税額	合計 / 税込合計	
4	カップ麺詰め合わせ	25,704,000	2,056,320	27,760,320	
5	カフェオーレ	34,025,500	2,722,040	36,747,540	
6	コーンスープ	13,635,000	1,090,800	14,725,800	

After

	A	B	C	D	E
1					
2					
3	商品名 ▼	税抜金額	消費税	税込金額	
4	カップ麺詰め合わせ	25,704,000	2,056,320	27,760,320	
5	カフェオーレ	34,025,500	2,722,040	36,747,540	
6	コーンスープ	13,635,000	1,090,800	14,725,800	

見出しはセルに直接入力する

ピボットテーブルの項目見出しを変更するには、見出しのセルをクリックして、新しい見出しをキーボードから直接入力します。

図3-45では、「行ラベル」と表示されたA3のセルをクリックし、「商品名」と入力しています。他の項目見出しも同様の方法で変更します。

図3-45　セルをクリックして新しい見出しを入力する

○NE POINT

集計値を示す項目見出しには、既存の項目見出しやフィールド名、集計フィールド名と重複する言葉を設定できません。たとえば、このピボットテーブルでは、「消費税額」、「税込合計」という集計フィールドを使用しています。

そのため、C3セルの「合計/消費税額」やD3セルの「合計/税込合計」を「消費税額」や「税込合計」に変更しようとすると、エラーメッセージが表示されます。そこで、**図3-44**のAfterでは、これらを「消費税」、「税込金額」という異なる名前に変更しています。このように既存の名称と重複しないように変更することがポイントです。

なお、「値フィールドの設定」ダイアログボックスが開いている場合は、「名前の指定」欄に入力して見出しを変更することもできます（**図3-46**）。

参照→ 3-3-1「消費税額」や「税込合計」を求める計算をする

図3-46　「値フィールドの設定」でも見出しを変更できる

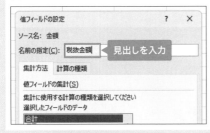

3-4-4 総計を省略してピボットテーブルをすっきり見せる

ピボットテーブルの右端と下端に表示される「総計」の欄は非表示にすることができます。邪魔になる場合や総計が不要な場合には、表示しないよう設定を変更しましょう。

▌総計欄を非表示にしたい

　行ラベルと列ラベルの両方にフィールドを配置してピボットテーブルを作成した場合、右端の列と一番下の行には、自動的に「総計」が求められます。

　図3-47のピボットテーブルの例では、D列に各商品の売上金額の総合計が求められます。また、15行目には、売上金額を2022年、2023年の年ごとに求めた総合計が表示されています。

　これらの総計は、初期設定ではこのように行・列両方に総計が表示されますが、行だけを表示したり、列だけを表示したりすることができます。どちらも不要なら行・列の両方を表示しない設定にすることも可能です。

図3-47　総計が表示されている例

	A	B	C	D	E
1					
2					
3	合計 / 金額	列ラベル ▼			
4	行ラベル ▼	2022年	2023年	総計	
5	カップ麺詰め合わせ	12,123,000	13,581,000	25,704,000	
6	カフェオーレ	17,068,000	16,957,500	34,025,500	
7	コーンスープ	6,412,500	7,222,500	13,635,000	
8	ココア	2,262,000	2,671,500	4,933,500	
9	ドリップコーヒー	26,875,000	23,865,000	50,740,000	
10	ミネラルウォーター	16,186,800	17,933,400	34,120,200	
11	紅茶	14,148,000	15,957,000	30,105,000	
12	煎茶	9,090,900	10,021,050	19,111,950	
13	麦茶	3,240,000	3,442,500	6,682,500	
14	無糖コーヒー	34,300,000	31,200,000	65,500,000	
15	総計	141,706,200	142,851,450	284,557,650	
16					

総計の表示・非表示を設定する

　総計の表示のしかたを変更するには、ピボットテーブル内の任意のセルを選択して、「デザイン」タブの「総計」をクリックします（**図3-48**）。表示される内容から、**図3-49**を参考にして表示方法を選択しましょう。初期設定は「行と列の集計を行う」です。

図3-48　「総計」の方法を選択する

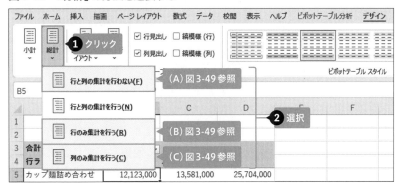

図3-49　「総計」の方法の種類

3 - 4 - 5 複数の集計方法の結果を表示する

「値」のエリアに同じフィールドを複数追加すると、同一フィールドの異なる集計値を表示できます。たとえば、「金額」フィールドの「合計」と「平均」の両方を同時に見たい場合などに利用できます。

金額の「合計」と「平均」を同時に表示したい

ピボットテーブルで同じ「金額」フィールドの「合計」と「平均」の2種類の集計結果を同時に見たいような場合があります。このような場合は、まず「金額」フィールドを「値」のエリアに2つ追加します。次に、片方は「合計」のままにし、もう片方の集計方法を「平均」に変更します。結果は、図3-50のように、「合計」の列と「平均」の列が左右に並んで表示されます。

図3-50　「合計」と「平均」を同時に表示する

「値」のエリアに同一フィールドを複数追加する

図3-51のピボットテーブルに「金額」フィールドをもう1つ追加しましょう。ピボットテーブル内の任意のセルを選択し、「ピボットテーブルのフィール

ド」作業ウィンドウで、フィールドセクションの「金額」を、エリアセクションの「値」ボックス内にある「合計/金額」の下までドラッグします。

図3-51　「値」ボックスに「金額」フィールドを追加する

　ピボットテーブルの「値」エリアに金額の合計がもう1つ表示され、「値」ボックスには、「合計/金額2」という表示が追加されます（**図3-52**）。

図3-52　「合計」の欄が追加される

　次に、「合計/金額2」の集計方法を平均に変更します。

　これで、**図3-50**のように合計と平均の両方を表示できます（**図3-50**では、桁区切りと小数点以下の桁数の表示を設定しています）。

参照➡ **3-1-1** 合計を「平均」や「最大値」に変更する
参照➡ **3-4-1** 集計値に桁区切りのカンマを表示する

3-5-1 リストの一部を変更した ピボットテーブルを更新する

リストで数値や商品名など、データの一部を変更した場合、ピボットテーブルの集計結果は自動では再計算されません。ピボットテーブルを最新状態にするには、手作業で更新する必要があります。

リストの数値を変更する

　ピボットテーブルを作成した後で、元のリストのデータを編集した場合、「更新」の操作をしなければ、ピボットテーブルの集計結果は古いままです。数値や商品名などリストの内容を変更した場合は、忘れずにピボットテーブルを更新して、集計結果を再計算しましょう。

　図3-53では、リストのL5セルに入力された数量を「150」から「300」に変更しました。それに伴い、「=K5*L5」という数式が入力されたM5セルの金額も変更されます。この金額の変更をピボットテーブルにも反映しましょう。

図3-53　リストの値を変更した

	A	B	C	D	E	F	G	H	I	J	K	L	M
1	注文コード	明細コード	日付	顧客コード	顧客名	支社名	販売エリア	商品コード	商品名	分類	単価	数量	金額
2	1101	1	2022/1/7	101	深田出版	本社	東京都内	E1001	ミネラルウォーター	その他	820	120	98,400
3	1101	2	2022/1/7	101	深田出版	本社	東京都内	E1002	コーンスープ	その他	1,500	75	112,500
4	1102	3	2022/1/7	102	寺本システム	本社	東京都内	E1001	ミネラルウォーター	その他	820	150	123,000
5	1102	4	2022/1/7	102	寺本システム	本社	東京都内	E1003	カップ麺詰め合わせ	その他	1,800	300	540,000
6	1102	5	2022/1/7	102	寺本システム	本社	東京都内	C1003	無糖コーヒー	コーヒー	2,000	450	900,000
7	1103	6	2022/1/7	103	西山フーズ	新宿支社	東京都内	T1001	煎茶				
8	1103	7	2022/1/7	103	西山フーズ	新宿支社	東京都内	T1003	紅茶				
9	1104	8	2022/1/7	104	吉村不動産	新宿支社	東京都内	E1001	ミネラルウォーター	その他	820		
10	1104	9	2022/1/7	104	吉村不動産	新宿支社	東京都内	E1003	カップ麺詰め合わせ	その他	1,800		
11	1104	10	2022/1/7	104	吉村不動産	新宿支社	東京都内	E1004	ココア	その他	1,300	15	19,500
12	1105	11	2022/1/7	105	川越トラベル	さいたま支社	北関東	E1001	ミネラルウォーター	その他	820	90	73,800
13	1105	12	2022/1/7	105	川越トラベル	さいたま支社	北関東	E1004	ココア	その他	1,300	60	78,000
14	1106	13	2022/1/7	106	森本食品	さいたま支社	北関東	C1001	ドリップコーヒー	コーヒー	2,150	300	645,000
15	1106	14	2022/1/7	106	森本食品	さいたま支社	北関東	C1002	カフェオーレ	コーヒー	1,700	300	510,000
16	1107	15	2022/1/7	107	鈴木ハウジング	前橋支社	北関東	T1001	煎茶	お茶	1,170	105	122,850
17	1107	16	2022/1/7	107	鈴木ハウジング	前橋支社	北関東	C1001	ドリップコーヒー	コーヒー	2,150	75	161,250
18	1107	17	2022/1/7	107	鈴木ハウジング	前橋支社	北関東	C1003	無糖コーヒー	コーヒー	2,000	75	150,000
19	1108	18	2022/1/7	108	デザインアルテ	浦安支社	南関東	E1001	ミネラルウォーター	その他	820	150	123,000

「150」から「300」に数値を変更

Sheet1　データ

右クリックでピボットテーブルを更新する

ピボットテーブルを最新状態にするには、まず、ピボットテーブルのシートに切り替えます。次に、ピボットテーブル内で右クリックし、表示されるショートカットメニューから「更新」を選択します（図3-54）。

図3-54　ピボットテーブルを更新する

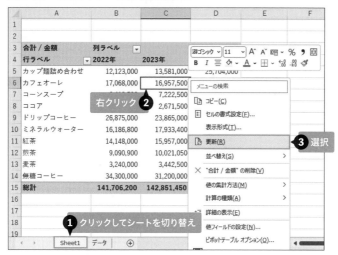

これで、リストの変更がピボットテーブルに反映され、集計結果が最新状態になります。ここでは、B5セルに入力された「2022年」の「カップ麺詰め合わせ」の合計金額と、総計の数値が変わりました（図3-55）。

図3-55　集計結果が最新状態になった

	A	B	C	D
1				
2				
3	合計 / 金額	列ラベル		
4	行ラベル	2022年	2023年	総計
5	カップ麺詰め合わせ	12,393,000	13,581,000	25,974,000
6	カフェオーレ	17,068,000	16,957,500	34,025,500
7	コーンスープ	6,412,500	7,222,500	13,635,000
8	ココア	2,262,000	2,671,500	4,933,500
9	ドリップコーヒー	26,875,000	23,865,000	50,740,000
10	ミネラルウォーター	16,186,800	17,933,400	34,120,200
11	紅茶	14,148,000	15,957,000	30,105,000
12	煎茶	9,090,900	10,021,050	19,111,950
13	麦茶	3,240,000	3,442,500	6,682,500
14	無糖コーヒー	34,300,000	31,200,000	65,500,000
15	総計	141,976,200	142,851,450	284,827,650

数値が更新された

3-5-2 リストにレコードを追加後、ピボットテーブルを更新する

> リストにレコードを追加して表の範囲が広がった場合は、3-5-1の「更新」の操作ではピボットテーブルは再計算されません。この場合は、集計対象となる「データソース」を変更する必要があります。

レコードをリストに追加した場合の更新方法

3-5-1の方法でピボットテーブルを更新できるのは、リスト範囲に変更がない場合に限られます。そこで、**リストの範囲が拡張された場合にピボットテーブルを更新する**方法も知っておきましょう。

図3-56では、行番号「1087」と「1088」の行に、売上のレコードを2件追加しました。現在のピボットテーブルのリスト範囲には、この2行のデータは含まれていません。これをピボットテーブルの集計に反映します。

図3-56　レコードを元のリストに追加した

	A	B	C	D	E	F	G	H	I	J	K	L	M
1077	1576	1076	2023/12/15	106	森本食品	さいたま支社	北関東	C1001	ドリップコーヒー	コーヒー	2,150	750	1,612,500
1078	1576	1077	2023/12/15	106	森本食品	さいたま支社	北関東	C1002	カフェオーレ	コーヒー	1,700	600	1,020,000
1079	1577	1078	2023/12/15	107	鈴木ハウジング	前橋支社	北関東	T1001	煎茶	お茶	1,170	225	263,250
1080	1578	1079	2023/12/15	108	デザインアルテ	浦安支社	南関東	E1001	ミネラルウォーター	その他	820	150	123,000
1081	1578	1080	2023/12/15	108	デザインアルテ	浦安支社	南関東	E1002	コーンスープ	その他	1,500	150	225,000
1082	1579	1081	2023/12/15	109	若槻自動車	横浜支社	南関東	E1001	ミネラルウォーター	その他	820	150	123,000
1083	1579	1082	2023/12/15	109	若槻自動車	横浜支社	南関東	E1003	カップ麺詰め合わせ	その他	1,800	120	216,000
1084	1580	1083	2023/12/15	110	辻本飲料販売	横浜支社	南関東	T1001	煎茶	お茶	1,170	150	175,500
1085	1580	1084	2023/12/15	110	辻本飲料販売	横浜支社	南関東	T1002	麦茶	お茶	900	195	175,500
1086	1580	1085	2023/12/15	110	辻本飲料販売	横浜支社	南関東	T1003	紅茶	お茶	1,800	225	405,000
1087	1581	1086	2023/12/20	109	若槻自動車	横浜支社	南関東	E1001	ミネラルウォーター	その他	820	300	246,000
1088	1581	1087	2023/12/20	109	若槻自動車	横浜支社	南関東	E1003	カップ麺詰め合わせ	その他	1,800	300	540,000

ONEPOINT

テーブル形式に変換されたリストを使っている場合は、自動的にリストの範囲が認識されるので、データ範囲が拡張されても3-5-1と同じ方法で更新できます。ここで紹介する操作は必要ありません。

参照➡ **3-5-3** リストをテーブル形式に変換する
参照➡ **3-5-4** リストがテーブル形式のピボットテーブルを更新する

「データソースの変更」でリスト範囲を変更する

ピボットテーブルのシートに切り替えたら、ピボットテーブル内の任意の
セルを選択します。表示された「ピボットテーブル分析」タブの「データソー
スの変更」から「データソースの変更」を選択します（図3-57）。

図3-57 「ピボットテーブルのデータソースの変更」ダイアログボックスを開く

「ピボットテーブルのデータソースの変更」ダイアログボックスが開きま
す。「テーブル/範囲」には、現在、ピボットテーブルのリスト範囲として認
識されているセル範囲が表示され、シート上では点滅する枠線で囲まれま
す。

画面を下にスクロールすると、データを追加した1087行目、1088行目の
2行が範囲の枠線に含まれていないことがわかります（図3-58）。

図3-58　ピボットテーブルのリスト範囲を確認する

	A	B	C	D	E	F	G	H	I	J	K	L	M	N
1072	1573	1071	2023/12/15	103	西山フーズ	新宿支店	東京都内	C1002	カフェオーレ	コーヒー	1,700	150	255,000	
1073	1574	1072	2023/12/15	104	吉村不動産	新宿支店	東京都内	E1001	ミネラルウォーター	その他	820	150	123,000	
1074	1574	1073	2023/12/15	104	吉村不動産	新宿支店	東京都内	E1003	カップ麺詰め合わせ	その他	1,800	75	135,000	
1075	1575	1074	2023/12/15	105	川越トラベル					その他	820	120	98,400	
1076	1575	1075	2023/12/15	105	川越トラベル					その他	1,300	120	156,000	
1077	1576	1076	2023/12/15	106	森本食品	さい				コーヒー	2,150	750	1,612,500	
1078	1576	1077	2023/12/15	106	森本食品	さい				コーヒー	1,700	600	1,020,000	
1079	1577	1078	2023/12/15	107	鈴木ハウジング	前橋				茶	1,170	225	263,250	
1080	1578	1079	2023/12/15	108	デザインアルテ	浦安				その他	820	150	123,000	
1081	1578	1080	2023/12/15	108	デザインアルテ	浦安				その他	1,500	150	225,000	
1082	1579	1081	2023/12/15	109	若槻自動車	横浜								
1083	1579	1082	2023/12/15	109	若槻自動車	横浜								
1084	1580	1083	2023/12/15	110	辻本飲料販売	横浜								
1085	1580	1084	2023/12/15	110	辻本飲料販売	横浜支店	南関東	T1002	麦茶	茶				
1086	1580	1085	2023/12/15	110	辻本飲料販売	横浜支店	南関東	T1003	紅茶	お茶	1,800	225	405,000	
1087	1581	1086	2023/12/20	109	若槻自動車	横浜支店	南関東	E1001	ミネラルウォーター	その他	820	300	246,000	
1088	1581	1087	2023/12/20	109	若槻自動車	横浜支店	南関東	E1003	カップ麺詰め合わせ	その他	1,800	300	540,000	
1089														

（ダイアログ内）
ピボットテーブルのデータソースの変更　？　×
分析するデータを選択してください。
● テーブルまたは範囲を選択(S)
　テーブル/範囲(T)：データ!$A$1:$M$1086
○ 外部データソースを使用(U)
　接続の選択(C)...
　接続名：

ピボットテーブルの
リスト範囲を表す枠線

STEP 2　追加したレコードの行を範囲に含める

　リストの範囲に1087行目、1088行目の2行のセルを含めるには、「テーブル/範囲」の欄をクリックし、表示されたセル範囲の末尾の行番号を「1088」に変更します（図3-59）。これで行番号「1088」までのセル範囲がデータソースとして指定されます。

図3-59　リストの範囲を修正する

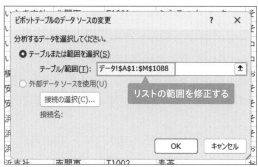

ピボットテーブルのデータソースの変更　？　×
分析するデータを選択してください。
● テーブルまたは範囲を選択(S)
　テーブル/範囲(T)：データ!$A$1:$M$1088　↑
○ 外部データソースを使用(U)
　接続の選択(C)...
　接続名：
　　　　　　　OK　　キャンセル

リストの範囲を修正する

● O N E P O I N T

リスト範囲を修正する際には、「テーブル/範囲」に表示されたセル番地の末尾を、キーボード入力で変更しましょう。リストにレコードを追加した場合は、範囲の末尾の行番号だけが変わるため、ドラッグして範囲全体を選びなおすより効率的です。

0
1
2
3
4
5
6
7
8

集計の応用テクニックいろいろ

「OK」をクリックしてダイアログボックスを閉じると、ピボットテーブルの元データの範囲が更新され、集計結果も最新状態になります。

　ここでは、「2023年」の「カップ麺詰め合わせ」のセル（C5セル）と、「ミネラルウォーター」のセル（C10セル）の数値が変わります（**図3-60**）。

図3-60　集計結果が最新状態になった

	A	B	C	D	E
1					
2					
3	合計 / 金額	列ラベル			
4	行ラベル	2022年	2023年	総計	
5	カップ麺詰め合わせ	12,123,000	14,121,000	26,244,000	
6	カフェオーレ	17,068,000	16,957,500	34,025,500	
7	コーンスープ	6,412,500	7,222,500	13,635,000	
8	ココア	2,262,000	2,671,500	4,933,500	
9	ドリップコーヒー	26,875,000	23,865,000	50,740,000	
10	ミネラルウォーター	16,186,800	18,179,400	34,366,200	
11	紅茶	14,148,000	15,957,000	30,105,000	
12	煎茶	9,090,900	10,021,050	19,111,950	
13	麦茶	3,240,000	3,442,500	6,682,500	
14	無糖コーヒー	34,300,000	31,200,000	65,500,000	
15	総計	141,706,200	143,637,450	285,343,650	
16					

数値が更新された

ONEPOINT

ピボットテーブルの内容をグラフ化するにはピボットグラフを作成します。
ピボットグラフは、ピボットテーブルが更新されると同時に最新状態になります。
そのため、ピボットテーブルの更新後にピボットグラフを改めて更新する必要はありません。

参照→ **6-1-1 ピボットグラフとは**

3-5-3 リストをテーブル形式に変換する

テーブル形式のリストを使っていると、レコードの追加やピボットテーブルの更新作業が楽になります。テーブル機能の特徴を理解したうえで、支障がなければリストをテーブルに変換しておくとよいでしょう。

テーブルとは

「テーブル」とは、集計や抽出が効率的に行えるよう工夫された表のフォーマットのことで、ピボットテーブルのリストのように「フィールド」と「レコード」で構成される表に設定して利用します。表をテーブルに変換すると、フィールド名のセルにはフィルター矢印が追加され、1行おきに背景色が付く書式が設定されます（図3-61）。テーブル形式に変換した表をピボットテーブルのリストとして使うと、次のようなメリットがあります。

参照➜ 0-2-2 元の表（リスト）の各部の名称

(1) ピボットテーブルの更新が楽になる

テーブルでは、表全体の範囲の変更が自動で認識されます。そのため、レコードを追加してリスト範囲が拡張された場合に、3-5-2の操作でピボットテーブルのデータソースを設定しなおす必要がなくなります。

参照➜ 3-5-4 リストがテーブル形式のピボットテーブルを更新する

(2) リストへのデータ入力が楽になる

テーブル形式に変換されたリストには、1行おきに色が付く縞模様の書式が表示されるので、明細を左から右へと目で追うような確認作業がしやすくなります。また、リストの最下行にレコードを追加すると、書式や数式が自動でコピーされるので、入力作業の省力化にも役立ちます。

なお、テーブルに変換した表では、小計など一部の機能が使えなくなるデメリットもありますが、ピボットテーブルのリストに限定して利用するので

あれば、特に支障はないでしょう。

図3-61　テーブルに変換したリスト

	A	B	C	D	E	F	G	H	I	J	K	L	M
1	注文コード	明細コード	日付	顧客コード	顧客名	支社名	販売エリア	商品コード	商品名	分類	単価	数量	金額
2	1101	1	2022/1/7	101	深田出版	本社	東京都内	E1001	ミネラルウォーター	その他	820	120	98,400
3	1101	2	2022/1/7	101	深田出版	本社	東京都内	E1002	コーンスープ	その他	1,500	75	112,500
4	1102	3	2022/1/7	102	寺本システム	本社	東京都内	E1001	ミネラルウォーター	その他	820	150	123,000
5	1102	4	2022/1/7	102	寺本システム	本社	東京都内	E1003	カップ麺詰め合わせ	その他	1,800	150	270,000
6	1102	5	2022/1/7	102	寺本システム	本社	東京都内	C1003	無糖コーヒー	コーヒー	2,000	450	900,000
7	1103	6	2022/1/7	103	西山フーズ	新宿支社	東京都内	T1001	煎茶	お茶	1,170	60	70,200
8	1103	7	2022/1/7	103	西山フーズ	新宿支社	東京都内	T1003	紅茶	お茶	1,800	150	270,000
9	1104	8	2022/1/7	104	吉村不動産	新宿支社	東京都内	E1001	ミネラルウォーター	その他	820	90	73,800
10	1104	9	2022/1/7	104	吉村不動産	新宿支社	東京都内	E1003	カップ麺詰め合わせ	その他	1,800	75	135,000

リストをテーブルに変換する

　ここでは、既存のリストをテーブル形式に変換する方法を紹介します。

　対象となるリストの任意のセルを選択しておき、「挿入」タブの「テーブル」をクリックします（**図3-62**）。

図3-62　「テーブルの作成」ダイアログボックスを開く

　「テーブルの作成」ダイアログボックスが開きます。リスト全体のセル範囲が点線で囲まれると同時に、そのセル番地が欄内に表示されます。「先頭行をテーブルの見出しとして使用する」のチェックがオンになっていることを確認して、「OK」をクリックすると、リストが**図3-61**のようなテーブルに変換されます（**図3-63**）。

図3-63　テーブルに変換する範囲を確認

	A	B	C	D	E	F	G	H	I	J	K	L	M
1	注文コード	明細コード	日付	顧客コード	顧客名	支社名	販売エリア	商品コード	商品名	分類	単価	数量	金額
2	1101	1	2022/1/7	101	深田出版	本社	東京都内	E1001	ミネラルウォーター	その他	820	120	98,400
3	1101	2				本社	東京都内	E1002	コーンスープ	その他	1,500	75	112,500
4	1102					本社	東京都内	E1001	ミネラルウォーター	その他	820	150	123,000
5	1102						本社	E1003	カップ麺詰め合わせ	その他	1,800	150	270,000
6	1102	5				本社	東京都内	C1003	無糖コーヒー	コーヒー	2,000	450	900,000
7	1103	6				社	東京都内	T1001	煎茶	お茶	1,170	60	70,200
8	1103	7				社	東京都内	T1003	紅茶	お茶	1,800	150	270,000
9	1104	8	2022/1/7	104	吉村不動産	新宿支社	東京都内	E1001	ミネラルウォーター	その他	820	90	73,800
10	1104	9	2022/1/7	104	吉村不動産	新宿支社	東京都内	E1003	カップ麺詰め合わせ	その他	1,800	75	135,000

1 チェックがオンになっていることを確認

☑ 先頭行をテーブルの見出しとして使用する

OK **2** クリック

✏ CAUTION

テーブルに変換した表を元に戻すには、テーブル内の任意のセルを選択し、「テーブルデザイン」タブの「範囲に変換」をクリックします。ただし、自動で設定された書式は元に戻りません。必要なら、変換前にリストのシートをコピーしておきましょう。

☝ ONEPOINT

テーブルに変換したリストからピボットテーブルを作成する手順は、通常のリストの場合と同様です。テーブル内の任意のセルを選択して、「挿入」タブの「ピボットテーブル」をクリックすると、「テーブルまたは範囲からのピボットテーブル」ダイアログボックスが開きます。ただし、「テーブル/範囲」の欄には、セル番地ではなく「テーブル1」のように自動で付けられたテーブル名が表示されます。それ以外は、通常のリストと同様の手順でピボットテーブルを作成できます（**図3-64**）。

図3-64　データ範囲にはテーブル名が表示される

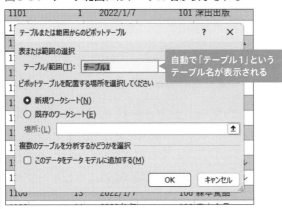

自動で「テーブル1」というテーブル名が表示される

⚡COLUMN テーブルではセル結合などが制限される

テーブルに変換したリストでは、表のレイアウトが不適切なものに変更されないよう、一部の機能に制限が加わります。

図3-65のB1セルのように、先頭行のセルを選んで「Delete」キーで中の文字を削除すると、セルは空欄にはならず、「列1」のような仮のフィールド名が表示されます。これにより、フィールド名をうっかり空欄にしてしまうトラブルを避けることができます。

また、テーブル内のセルが選択されているときは、「ホーム」タブの「セルを結合して中央揃え」ボタンが無効になり、セル結合は設定できなくなります。このように、リストを安全に管理する上でもテーブルの利用は有効です。

図3-65 テーブルに変換したリストでの機能制限

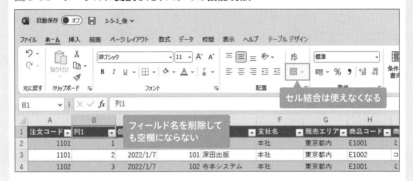

参照➡ **2-1-3** セル結合は禁止
　　　2-1-4 フィールド名は必ず入力する

⚡COLUMN PowerPivotにもテーブル機能は欠かせない

ピボットテーブルの元データとなるリストには、単独の表を使うのが一般的ですがPowerPivotと呼ばれる専門機能を利用すれば、複数の表から直接ピボットテーブルを作ることができます。この場合、あらかじめ集計の元データが保存されたすべての表をテーブルに変換しておく必要があります。詳しくは8-2で解説します。

参照➡ **8-2** 複数の表に分かれたデータを集計する（PowerPivot）

3 - 5 - 4 リストがテーブル形式の ピボットテーブルを更新する

テーブルでは表の範囲の変更が自動で認識されるため、ピボットテーブルを更新する際に、データソースを拡張する必要がなくなります。テーブル形式のリストにレコードを追加した場合の更新方法について知っておきましょう。

リストに新しいレコードを追加する

テーブル形式に変換したリストのシートを開いて、リストの最下行の行番号が「1086」であることを確認します。なお、テーブルの周囲には範囲を示す青い枠線が表示されます。1087行目に、レコードを1件追加しましょう（図3-66）。

A1087セルをクリックして、「1581」と注文コードを入力します。

図3-66　リストにレコードを追加する

「Enter」キーを押すと、テーブル範囲を示す枠線が1087行目の下に移動して、テーブルが拡張されます（図3-67）。このとき、追加した行にはセルの書式や数式も自動的にコピーされます。M1087セルにはM列の「金額」フィールドに入力されていた「単価（K列）×数量（L列）」という数式がコピーされたため、計算結果の「0」が表示されます。

図3-67　テーブル範囲が拡張され、書式や数式がコピーされた

	A	B	C	D	E	F	G	H	I	J	K	L	M	N
1084	1580	1083	2023/12/15	110	辻本飲料販売	横浜支社	南関東	T1001	烈茶	お茶	1,170	150	175,500	
1085	1580	1084	2023/12/15	110	辻本飲料販売	横浜支社	南関東	T1002	麦茶	お茶	900	195	175,500	
1086	1580	1085	2023/12/15	110	辻本飲料販売	横浜支社	南関東	T1003	紅茶	お茶	1,800	225	405,000	
1087	1581												0	
1088			← テーブル範囲を示す枠が下に移動した						数式がコピーされ「0」が表示された					
1089														

「明細コード」以降のフィールドのデータを、**図3-68**のように入力します。なお、単価（K1087セル）と数量（L1087セル）を入力すると、M1087セルには金額が自動で表示されます。

図3-68　残るデータを入力する

	注文コード	明細コード	日付	顧客コード	顧客名	支社名	販売エリア	商品コード	商品名	分類	単価	数量	金額
1080	1578	1079	2023/12/15	108	デザインアルテ	浦安支社	南関東	E1001	ミネラルウォーター	その他	820	150	123,000
1081	1578	1080	2023/12/15	108	デザインアルテ	浦安支社	南関東	E1002	コーンスープ	その他	1,500	150	225,000
1082	1579	1081	2023/12/15	109	若槻自動車	横浜支社	南関東	E1001	ミネラルウォーター	その他	820	150	123,000
1083	1579	1082	2023/12/15	109	若槻自動車	横浜支社	南関東	E1003	カップ麺詰め合わせ	その他	1,800	120	216,000
1084	1580	1083	2023/12/15	110	辻本飲料販売	横浜支社	南関東	単価、数量を入力すると金額が表示される					
1085	1580	1084	2023/12/15	110	辻本飲料販売	横浜支社	南関東						
1086	1580	1085	2023/12/15	110	辻本飲料販売	横浜支社	南関東	T1003	紅茶	お茶	1,800	225	405,000
1087	1581	1086	2023/12/20	109	若槻自動車	横浜支社	南関東	E1003	カップ麺詰め合わせ	その他	1,800	300	540,000
1088													

1086	2023/12/20	109 若槻自動車	横浜支社	南関東	E1003	カップ麺詰め合わせ	その他	1,800	300	540,000

◆ O N E P O I N T

テーブル内のセルが選択された状態でシートを下にスクロールすると、先頭行のフィールド名が列番号の欄に表示されます（**図3-69**）。行数の多いリストでもフィールド名を常に確認できるので、レコード追加の際に便利です。

図3-69　スクロールするとフィールド名が列見出しに表示される

B1078	▼ : × ✓ fx	1077

	注文コード	明細コード	日付	顧客コード	顧客名	支社名	販売エリア	商品コード	商品名
1076	1575	1075	2023/12/15	105	川城トラベル	さいたま支社	北関東	F1004	ココア
1077	1576	1076	2023/12/15	先頭行のフィールド名が列番号の欄に表示される					ドリップコーヒ
1078	1576	1077	2023/12/15					E1002	カフェオーレ

ピボットテーブルの集計結果を更新する

続けて、ピボットテーブルの集計結果を更新しましょう。

リストがテーブル形式の場合は、レコードを追加してリスト範囲が拡張されると新しいテーブル範囲が自動で認識されます。

ピボットテーブルのシートに切り替えて、ピボットテーブル内の任意のセルを右クリックし、表示されたメニューから「更新」をクリックします（図3-70）。

図3-70　ピボットテーブルを更新する

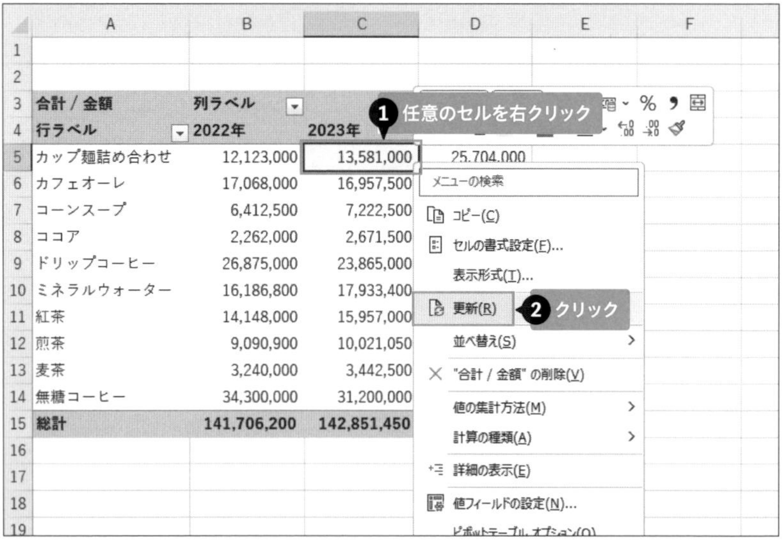

これでピボットテーブルの集計結果が最新状態に変わります。

ここでは、「2023年」の「カップ麺詰め合わせ」のセル（C5セル）の金額が変わり、それに伴ってC15セルの「総計」も変更されます（図3-71）。

このように、リストがテーブル形式の場合は、元データの範囲が変更されるか否かに関係なく「更新」メニューを選ぶだけで、ピボットテーブルを最新状態にできるので、集計結果の更新作業がシンプルになるというメリットがあります。

図3-71　集計結果が更新された

	A	B	C	D	E
1					
2					
3	合計 / 金額	列ラベル　▼			
4	行ラベル　　▼	2022年	2023年	総計	
5	カップ麺詰め合わせ	12,123,000	14,121,000	26,244,000	
6	カフェオーレ	17,068,000	16,957,500	34,025,500	
7	コーンスープ	6,412,500	7,222,500	13,635,000	
8	ココア	2,262,000	2,671,500	4,933,500	
9	ドリップコーヒー	26,875,000	23,865,000	50,740,000	
10	ミネラルウォーター	16,186,800	17,933,400	34,120,200	
11	紅茶	14,148,000	15,957,000	30,105,000	
12	煎茶	9,090,900	10,021,050	19,111,950	
13	麦茶	3,240,000	3,442,500	6,682,500	
14	無糖コーヒー	34,300,000	31,200,000	65,500,000	
15	総計	141,706,200	143,391,450	285,097,650	
16					

結果が最新状態に変わった

ONE POINT

操作のしかたによっては、テーブル範囲が自動で拡張されない場合もあります。その場合は、テーブル範囲を表す枠線の右下角の▼部分をドラッグすれば、手動でテーブル範囲を変更できます（**図3-72**）。

図3-72　右下部分をドラッグしてもテーブル範囲を変更できる

ミネラルウォーター	その他	820	150	123,000
コーンスープ	その他	1,500	150	225,000
ミネラルウォーター	その他	820	150	123,000
カップ麺詰め合わせ	その他	1,800	120	216,000
煎茶	お茶	1,170	150	175,500
麦茶	お茶	900	195	175,500
紅茶	お茶	1,800	225	405,000
カップ麺詰め合わせ	その他	1,800	300	540,000

この部分をドラッグすると手動でもテーブル範囲を変更できる

3-6-1 集計元になった明細を別シートで確認する

ピボットテーブルでは、集計結果のセルをダブルクリックすると、その集計のもとになったレコードが、リストから新規シートにコピーされます。気になる集計値の明細を確認したいときに便利です。

集計元の明細を自動表示したい

ピボットテーブルの集計結果は、リストのレコードをもとに計算されます。特定の数字の集計元となっているレコードを調べたい場合は、リストから手作業で該当レコードを探す必要はなく、ダブルクリックするだけで探せます。図3-73では、ピボットテーブルのC6セルに表示された「2023年」の「カフェオーレ」の合計金額の明細を別シートに表示しています。

図3-73　ダブルクリックするだけで明細を表示できる

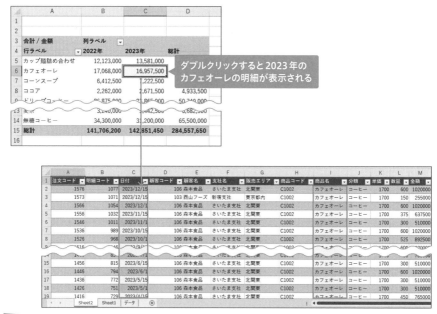

ダブルクリックすると2023年のカフェオーレの明細が表示される

■ ダブルクリックで明細を確認する

図3-74のピボットテーブルで2023年のカフェオーレの売上に関する明細を確認するには、C6セルをダブルクリックします。

図3-74　ダブルクリックで明細を確認する

	A	B	C	D	E
1					
2					
3	合計 / 金額	列ラベル ▾			
4	行ラベル ▾	2022年	2023年	総計	
5	カップ麺詰め合わせ	12,123,000	13,581,000	25,704,000	
6	カフェオーレ	17,068,000	16,957,500	ダブルクリック	
7	コーンスープ	6,412,500	7,222,500	13,635,000	
8	ココア	2,262,000	2,671,500	4,933,500	
9	ドリップコーヒー	26,875,000	23,865,000	50,740,000	

これで、新規シートが追加され、「日付」フィールドが2023年の日付になっていて、「商品名」フィールドが「カフェオーレ」であるレコードがそこにコピーされます（図3-73を参照）。

👍ONEPOINT

集計値をダブルクリックしても明細データが表示されない場合は、ピボットテーブル内で右クリックして、「ピボットテーブルオプション」を選択します。表示される「ピボットテーブルオプション」ダイアログボックスで、「データ」タブをクリックし、「詳細を表示可能にする」にチェックを入れて、「OK」をクリックします。

👍ONEPOINT

明細が表示されたシートは、リストから該当するレコードがコピーされたものです。リストそのものではないので、確認が済んだらこのシートを削除しても支障はありません。

3 - 6 - 2 一部の集計結果を別のセルに転記する

> ピボットテーブルから特定の集計値を別のセルに転記したい場合は、GETPIVOTDATA関数を使いましょう。「商品名」や「年」などフィールドの項目を指定して、該当する集計結果をすばやく確認できます。

行ラベル、列ラベルの項目を指定して集計値を取り出したい

「支社名が『浦安支社』」で「商品名が『コーンスープ』」のように、ピボットテーブルの行ラベルや列ラベルから特定の項目を指定して、該当する集計結果をすばやく知りたい場合は、GETPIVOTDATA関数が役立ちます。

GETPIVOTDATA関数は、引数に行ラベル・列ラベルのフィールドとそれぞれの内容を指定して、クロス集計する位置にある集計結果をピボットテーブルから検索する関数です。

この関数を利用するには、あらかじめ図3-75のように、ピボットテーブル

図3-75 GETPIVOTDATA関数で集計結果を取り出す

	A	B	C	D
1	支社名	商品名	年（日付）	金額
2	浦安支社	コーンスープ	2023年	3,712,500
3				
4	合計 / 金額	列ラベル		
5	行ラベル	2022年	2023年	総計
6	⊟さいたま支社			
7	カフェオーレ	13,260,000	16,702,500	29,962,500
8	コーンスープ	67,500		67,500
9	ココア	2,028,000	2,203,500	4,231,500
10	ドリップコーヒー	16,931,250	23,542,500	40,473,750
11	ミネラルウォーター	2,103,300	2,300,100	4,403,400
12	さいたま支社 集計	34,390,050	44,748,600	79,138,650
13	⊟浦安支社			
14	カップ麺詰め合わせ	81,000		81,000
15	コーンスープ	3,082,500	3,712,500	6,795,000
16	ドリップコーヒー	9,460,000		9,460,000
17	ミネラルウォーター	3,001,200	3,087,300	6,088,500

指定した「支社名」、「商品名」、「年」の金額をここに取り出す

の上に「支社名」や「商品名」、「年（日付）」などのフィールド名と、検索したい条件が入力された欄を作っておきます。

次に、D2セルにGETPIVOTDATA関数を入力すると、「支社名」、「商品名」、「年（日付）」のそれぞれのセルに入力した条件でピボットテーブルを検索し、D2セルに集計値が転記されます。

GETPIVOTDATA関数を入力する

前述の通り、条件の表の先頭行には、行ラベルや列ラベルに配置したフィールド名を入力します。図3-76では、A1セルから順に「支社名」、「商品名」、「年（日付）」と入力しています。このフィールド名がリストのフィールド名と同一でないと、GETPIVOTDATA関数が機能しないので注意しましょう。2行目には、それぞれのフィールドで検索したい内容を入力しておきます。次に、GETPIVOTDATA関数を入力します。D2セルを選択し、「数式」タブの「関数の挿入」をクリックします。

図3-76　「関数の挿入」ダイアログボックスを開く

「関数の挿入」ダイアログボックスが開きます。「関数の分類」から「検索/行列」を選択し、「関数名」の一覧から「GETPIVOTDATA」を選択して、「OK」をクリックします（図3-77）。

図3-77 「関数の挿入」でGETPIVOTDATA関数を選択する

「関数の引数」ダイアログボックスが開いたら、GETPIVOTDATA関数の引数を指定します。

最初の引数「データフィールド」には、ピボットテーブルから取り出す集計値のフィールド名を「"金額"」と半角のダブルクォーテーションで囲んで入力します。

2番目の引数「ピボットテーブル」には、ピボットテーブル内の任意のセルを指定します。ここでは「A4」を指定しています。

ここから先は、検索したい行ラベルや列ラベルの内容を指定する引数を、「フィールド」と「アイテム」のペアで指定します。

3番目の引数「フィールド1」にA1セルを、4番目の引数「アイテム1」にA2セルを指定すると、「『支社名』フィールドが『浦安支社』である」という1つ目の条件を指定できます（**図3-78**）。

図3-78　GETPIVOTDATA関数の引数を指定する

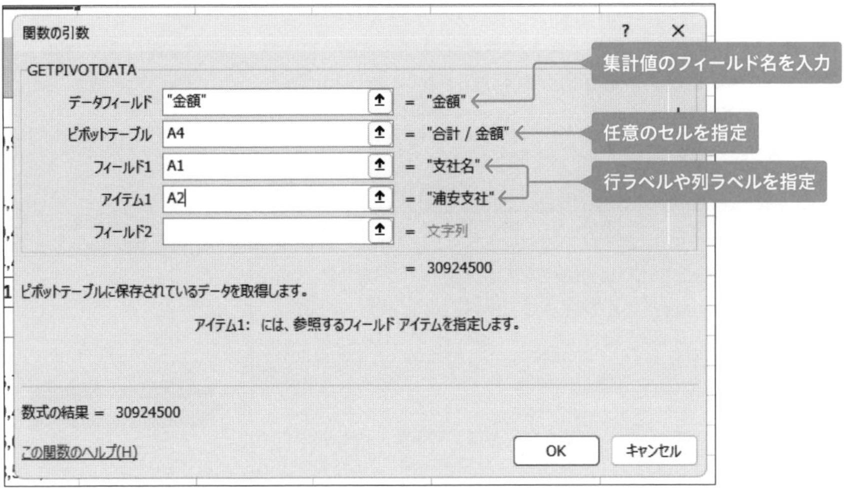

ダイアログボックス内を下にスクロールして、同様に引数「フィールド2」にB1セルを、「アイテム2」にB2セルを指定し、「『商品名』フィールドが『コーンスープ』である」という条件を設定します。

さらに「フィールド3」にC1セルを、「アイテム3」にC2セルを指定して、「『年（日付）』フィールドが『2023年』である」という条件を設定できたら、「OK」をクリックします（**図3-79**）。

図3-79　2つ目以降の引数を指定する

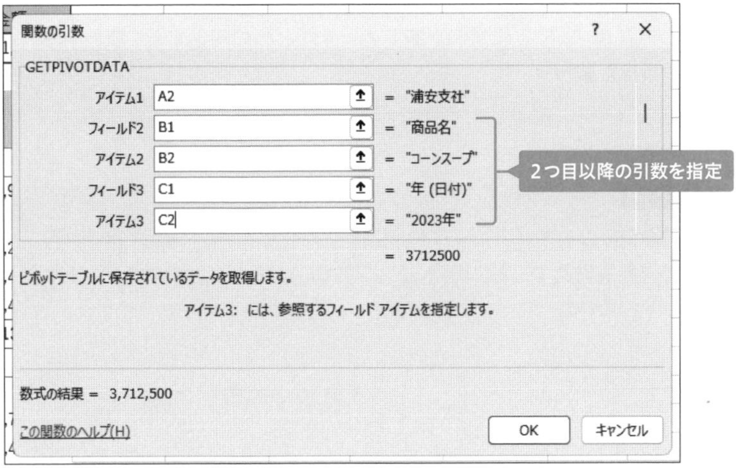

D2セルにGETPIVOTDATA関数が入力され、セルには求められた合計値が表示されます（図3-80）。

図3-80　指定した集計値が表示された

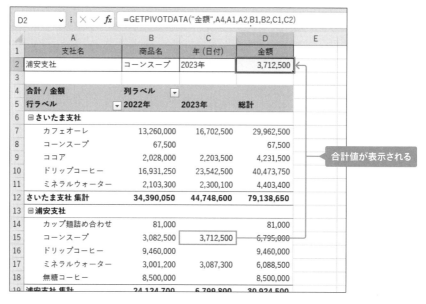

ONE POINT

A2セル、B2セル、C2セルに別の内容を入力すると、GETPIVOTDATA関数の結果もそれに応じて変わります。支社名、商品名、年などの内容を変えて集計値を比較するときに役立ちます。

CAUTION

GETPIVOTDATA関数の引数「フィールド」に指定するフィールド名は、半角・全角やスペースの有無も含めて、「ピボットテーブルのフィールド」作業ウィンドウに表示されたフィールド名と完全に一致するように指定する必要があります。

第 - **4** - 章

「階層」を
使いこなして
活用の幅を
広げる

4-1-1 階層とは

ピボットテーブルの行ラベルや列ラベルに複数のフィールドを配置して階層構造にすると、親子のレベルになった集計を求められます。まずは、「階層」とは何かを理解しましょう。

階層とは、フィールドの上下関係のこと

「階層」とは、1つの項目を親としたとき、その中に子となる項目を設定して、**項目見出しを二層や三層の構造にする**ことを言います。

ピボットテーブルでは、行ラベルや列ラベルの見出しに2つ以上のフィールドを設定できます。この場合、設定したフィールドは階層構造になり、上位と下位の関係が生まれます。ピボットテーブルで見出しを階層構造にする場合は、**フィールドの上位と下位を正しく設定する**ことがポイントです。

まず、本書における「分類」フィールドと「商品名」フィールドの階層を考えてみましょう。「紅茶」、「煎茶」、「カフェオーレ」のような「商品名」フィールドに入力された商品は、「お茶」、「コーヒー」、「その他」という3つの分類に分けて管理されています。それぞれの商品がいずれか1つの分類に属している場合、「分類」フィールドが上位、「商品名」フィールドが下位の関係になります（**図4-1**）。

この関係は固定的で、**上位と下位が入れ替わることはありません。**そこで、ピボットテーブル

図4-1 上位・下位の関係性のイメージ

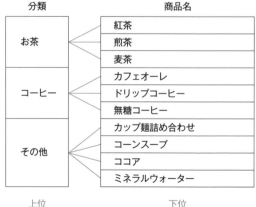

0
1
2
3
4
5
6
7
8

「階層」を使いこなして活用の幅を広げる

の行ラベルや列ラベルに「商品名」フィールドと「分類」フィールドを指定するときも、「分類」が「商品名」より上位に来るように設定します。

固定の階層では、その関係性に合わせて上位・下位を指定する

　同様の例をもう1つ紹介しましょう。本書の例では、「顧客名」フィールドのそれぞれの顧客は、「支社名」フィールドの各支社が分担して担当しています。そして、それぞれの支社は、「販売エリア」フィールドにある「東京都内」、「南関東」、「北関東」といういずれかのエリアに属していて、そのエリア内で営業を行っています。

　この場合、「販売エリア」、「支社名」、「顧客名」という3つのフィールドでは、「販売エリア」が最も上位のフィールドになります。次に「支社名」フィールド、さらにその下位に「顧客名」フィールドが来ます（図4-2）。

　そこで、「販売エリア」、「支社名」、「顧客名」という3つのフィールドを、ピボットテーブルの行エリアや列エリアに同時に指定するときも、この序列に沿って上位と下位を設定します。

　このように、上位と下位が自動的に決まる固定的な階層では、ピボットテーブルに階層を指定するときもその通りにフィールドの上位と下位を指定するのがルールです。

図4-2　上位・下位の関係が固定的な階層の例

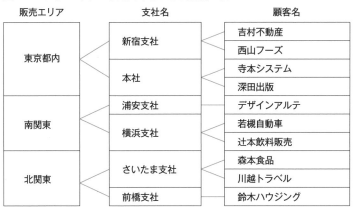

4 - 1 - 2 分析の主となるフィールドを階層の上位にしよう

フィールド間の階層には、上位と下位が固定的ではない階層もあります。このような場合は、上位と下位を自分で決める必要があります。このとき、集計のメインとなるフィールドを上位に設定します。

上位と下位が固定的ではないフィールドを階層にする

ピボットテーブルの行ラベルや列ラベルでは、「分類」と「商品名」のようにフィールド間に明らかな上位と下位の関係がないフィールドの場合でも、階層構造にすることができます。

図4-3は、「商品名」フィールドと「支社名」フィールドを階層にした例です。この2つのフィールド間には、特にどちらを上位にしなければいけないという関係はありません。仮に「商品名」フィールドを上位、「支社名」フィールドを下位に指定すると、左に商品名の一覧が並び、右にそれぞれの商品を取り扱っている支社名がぶら下がるように表示されます。

たとえば「カップ麺詰め合わせ」という商品は、「浦安支社」、「横浜支社」、「新宿支社」、「本社」で取り扱っているため、図の右にある「支社名」フィールドにはそれらの支社が並びます。

図4-3 上位・下位の関係が固定的ではない階層の例

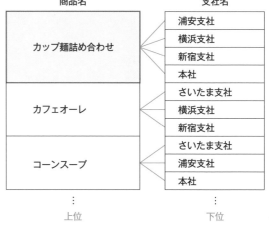

上位　　　　　　　　　下位

0
1
2
3
4
5
6
7
8

「階層」を使いこなして活用の幅を広げる

集計・分析の柱となるフィールドを階層の上位にする

　1つの支社で複数の商品を販売していることや、1つの商品が複数の支社で販売されていることを考えると、この上位と下位は入れ替えることもできます。そこで、「支社名」フィールドを上位に、「商品名」フィールドを下位に配置した例が**図4-4**です。

　この図では、「支社名」フィールドが上位に置かれるため、「浦安支社」、「横浜支社」といったそれぞれの支社が左側に配置され、それぞれの支社が販売する商品がその右にぶら下がるように表示されています。

　これを見ると、先ほど紹介した商品名「カップ麺詰め合わせ」は、「浦安支社」、「横浜支社」、「新宿支社」の中に繰り返し表示されます。商品名ごとに集計することが目的のピボットテーブルである場合、同じ商品の集計値が細切れに表示されると結果がわかりづらくなります。そこで、**上位と下位が固定的ではない複数のフィールドを階層構造にする場合は、分析の主となるフィールドを上位に配置しましょう。**

図4-4　下位のフィールドは細切れに表示される

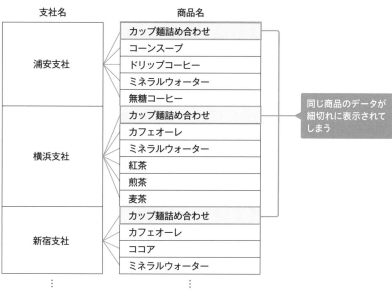

4-2-1 上位・下位にフィールドを追加する

階層構造になった見出しを指定するには、「ピボットテーブルのフィールド」作業ウィンドウで、複数のフィールドを「行」ボックスや「列」ボックスに追加します。その方法を理解しましょう。

「商品名」の上位に「分類」を追加したい

　行ラベルや列ラベルの項目を階層構造にするには、「ピボットテーブルのフィールド」作業ウィンドウで、2つ以上のフィールドを「行」ボックスや「列」ボックスに追加します。

　図4-5のピボットテーブルでは、行ラベルに「商品名」フィールドを、「値」に「金額」フィールドを指定して、商品別に売上金額を合計しています。この状態から、行ラベルに「分類」フィールドを追加して、分類ごとの集計を

図4-5　行ラベルの項目を階層構造にする

Before

	A	B
3	行ラベル	合計 / 金額
4	カップ麺詰め合わせ	25,704,000
5	カフェオーレ	34,025,500
6	コーンスープ	13,635,000
7	ココア	4,933,500
8	ドリップコーヒー	50,740,000
9	ミネラルウォーター	34,120,200
10	紅茶	30,105,000
11	煎茶	19,111,950
12	麦茶	6,682,500
13	無糖コーヒー	65,500,000
14	総計	284,557,650

After

	A	B
3	行ラベル	合計 / 金額
4	⊟お茶	55,899,450
5	紅茶	30,105,000
6	煎茶	19,111,950
7	麦茶	6,682,500
8	⊟コーヒー	150,265,500
9	カフェオーレ	34,025,500
10	ドリップコーヒー	50,740,000
11	無糖コーヒー	65,500,000
12	⊟その他	78,392,700
13	カップ麺詰め合わせ	25,704,000
14	コーンスープ	13,635,000
15	ココア	4,933,500
16	ミネラルウォーター	34,120,200
17	総計	284,557,650

ピボットテーブルに表示されるようにします。なお、「分類」フィールドはその性質上「商品名」フィールドの上位に配置します。

参照→ 4-1-1 階層とは

「分類」フィールドを「行」ボックスに追加する

ピボットテーブル内の任意のセルをクリックすると、「ピボットテーブルのフィールド」作業ウィンドウが表示されます。

作業ウィンドウ下部にあるエリアセクションを見ると、「行」ボックスには「商品名」のフィールドが表示されています。この「商品名」の上に、「分類」フィールドを追加します。

フィールドセクションに表示された「分類」にマウスポインターを合わせて、「行」ボックスまでドラッグします。このとき、マウスポインターの先に、追加位置を示す横線が表示されます。この横線がフィールドのボタンよりも上にあれば上位に、下にあれば下位にフィールドが追加されます。

「分類」は「商品名」よりも上位に配置するため、横線が「商品名」よりも上に表示される位置までドラッグします（図4-6）。これで図4-5のAfterのように、「分類」フィールドが行ラベルに追加されます。

図4-6 「行」ボックスに上位のフィールドを追加する

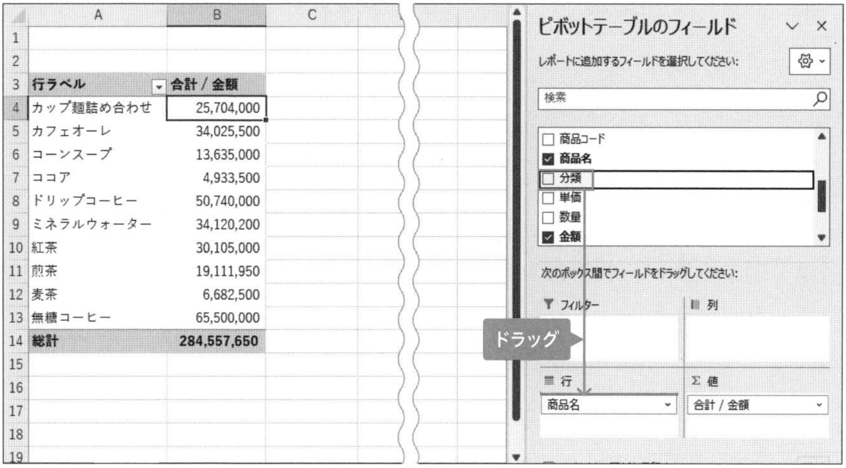

「商品名」の下位に「支社名」を追加する

今度は、**図4-5**のBeforeと同じピボットテーブルの行ラベルに「支社名」フィールドを追加します。なお、ここでの集計は「商品名」フィールドをメインに行うため、「支社名」は「商品名」の下位フィールドとして追加します。

この場合は、フィールドセクションに表示された「支社名」を、「行」ボックスの「商品名」の下にドラッグします。マウスポインターの先に追加位置を知らせる横線が表示されるので、この横線が「商品名」よりも下に表示される位置までドラッグします（**図4-7**）。

図4-7 「行」ボックスに下位のフィールドを追加する

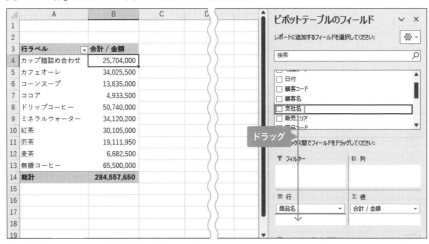

行ラベルにすでに表示されていた「商品名」フィールドの各項目の下に「支社名」フィールドの項目が追加されます。これにより、各商品の金額の合計はそのままで、それぞれの商品の売上の内訳が支社別に見られるようになりました（**図4-8**）。

図4-8 「商品名」の下位に「支社名」が表示された

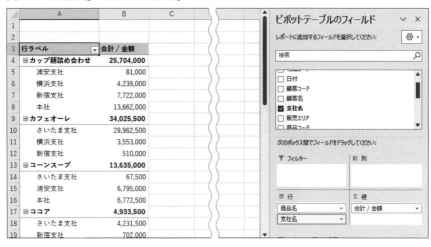

列ラベルのフィールドを階層にする

　列ラベルにも複数のフィールドを配置すれば、見出しを階層構造にすることができます。

　図4-9のピボットテーブルでは、列ラベルにすでに「商品名」フィールドを配置して、商品別に金額を合計しています。この「商品名」の上位に「分類」フィールドを追加するには、フィールドセクションに表示された「分類」を、「列」ボックスの「商品名」の上までドラッグします。

図4-9 「列」ボックスにフィールドを追加して階層構造にする

「分類」フィールドが列ラベルに追加され、E列やI列には分類ごとの合計が表示されます（**図4-10**）。

なお、列ラベルを階層構造にすると表は横長になります。階層構造になった見出しは行ラベルの方がコンパクトに収まるため、**階層にするフィールドは列ラベルよりも行ラベルに配置する方がおすすめです。**

図4-10　列ラベルに階層が追加された

4 - 2 - 2 上位と下位を入れ替える

階層構造にしたフィールドでは、上位と下位をドラッグで入れ替えられます。階層の上下を入れ替えると、ピボットテーブルは上位にしたフィールドを中心に集計する内容に変わります。

上位・下位を入れ替えると集計の主となるフィールドが変わる

　行ラベルや列ラベルのフィールドは階層構造にした後で、上位と下位を入れ替えることもできます。ピボットテーブルでは、最も上位のフィールドが集計の柱となるため、上位と下位を入れ替えると、集計や分析の中心となるフィールドを変更することになります。これは、ピボットテーブルを使ったデータ分析で集計の軸をさまざまに変更する「**ダイス分析**」という手法でも使われる操作です。

　行ラベルに「商品名」と「支社名」のフィールドを設定したピボットテーブルで、フィールドの上位と下位を入れ替えたのが**図4-11**です。Beforeの画面では、「商品名」が上位なので、まず商品名が表示され、その商品を販売している支社の名前が下に一覧表示されます。

　一方、Afterの画面では、「商品名」と「支社名」フィールドを入れ替えたため「支社名」が上位になります。

参照→ **7-3** ダイス分析を活用する

図4-11
階層の上位と下位を入れ替える

Before		
	A	B
1		
2		
3	行ラベル ▼	合計 / 金額
4	⊟ **カップ麺詰め合わせ**	**25,704,000**
5	浦安支社	81,000
6	横浜支社	4,239,000
7	新宿支社	7,722,000
8	本社	13,662,000
9	⊟ **カフェオーレ**	**34,025,500**
10	さいたま支社	29,962,500
11	横浜支社	3,553,000
12	新宿支社	510,000

After		
	A	B
1		
2		
3	行ラベル ▼	合計 / 金額
4	⊟ **さいたま支社**	**79,138,650**
5	カフェオーレ	29,962,500
6	コーンスープ	67,500
7	ココア	4,231,500
8	ドリップコーヒー	40,473,750
9	ミネラルウォーター	4,403,400
10	⊟ **浦安支社**	**30,924,500**
11	カップ麺詰め合わせ	81,000
12	コーンスープ	6,795,000

行ラベルの上位と下位を入れ替える

　行ラベルのフィールドで階層の上位と下位を入れ替えるには、「行」ボックスに表示されたフィールドのボタンをドラッグして移動します。ドラッグの結果、上に移動したフィールドが上位、下に移動したフィールドが下位になります。

　図4-12のピボットテーブル内をクリックし、「ピボットテーブルのフィールド」作業ウィンドウの「行」ボックスで、「支社名」を「商品名」の上までドラッグします。

図4-12　行ラベルの上位と下位を入れ替える

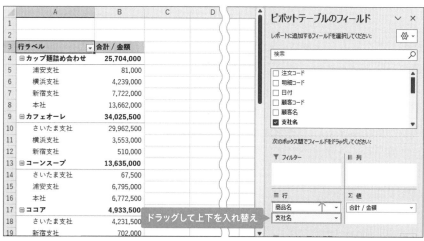

　「行」ボックスで「支社名」が「商品名」より上に配置されると、**図4-11**のAfterのように、ピボットテーブルでも「支社名」フィールドが「商品名」フィールドの上位に変更されます。

◆ONEPOINT

「行」ボックス内でフィールドのボタンをドラッグすると、移動先を示す横線が表示されるので、その位置でフィールドの上位と下位を確認できます。

列ラベルの上位と下位を入れ替える

列ラベルのフィールドで階層の上位と下位を入れ替える場合は、「列」ボックスに表示されたフィールドのボタンをドラッグして移動します。上に移動したフィールドが上位、下に移動したフィールドが下位になる点は、行ラベルの場合と同じです。

図4-13のピボットテーブルでは、列ラベルに「商品名」と「支社名」のフィールドを配置しています。現在、「商品名」フィールドが上位で「支社名」フィールドが下位に設定されています。この上位と下位を入れ替えるには、「列」ボックスの「支社名」を「商品名」の上までドラッグします。

図4-13　列ラベルの上位と下位を入れ替える

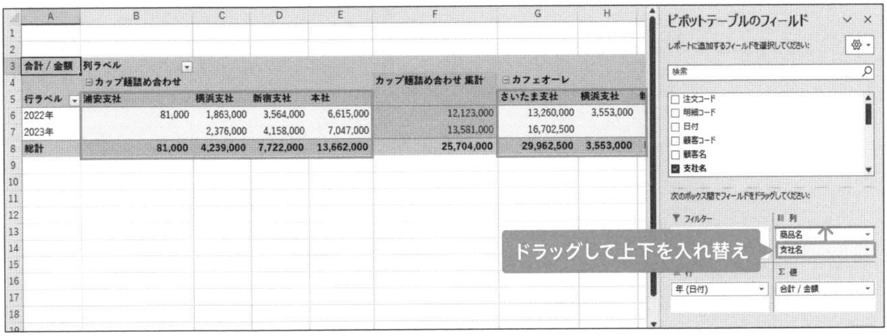

「列」ボックスで「支社名」が「商品名」より上に配置されると、ピボットテーブルでも「支社名」フィールドが「商品名」フィールドの上位に変更されます（図4-14）。

図4-14　「支社名」が「商品名」の上位に変更された

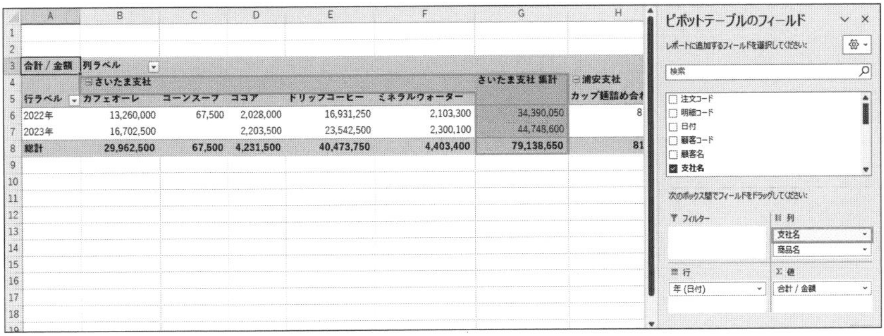

⚡COLUMN 上位・下位レベルが固定的なフィールドは入れ替えない

「分類」と「商品名」のように、上位と下位が固定的なフィールドの間では、フィールドを入れ替えても意味がありません。図4-15は、図4-5のAfterのピボットテーブルで上位に配置されていた「分類」フィールドを「商品名」フィールドの下位に移動した結果です。各商品名の下にそれぞれの商品が属する分類が表示され、集計値もバラバラになっていることがわかります。上位と下位が固定的なフィールド間では、フィールドの上下を入れ替えることは避けましょう。

図4-15　上位・下位の関係を無視した集計表（NG例）

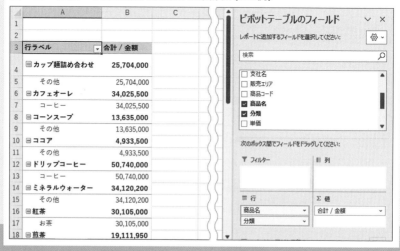

👍ONEPOINT

「行」ボックスや「列」ボックスが狭くて、フィールド名のドラッグ操作がしづらい場合は、フィールドセクションとエリアセクションの境界を上にドラッグすると、エリアセクションのそれぞれのボックスを拡大できます（図4-16）。

図4-16　エリアセクションを拡大する

境界をドラッグすると拡大ができる

4 - 2 - 3 日付フィールドは最下位レベルに追加する

行ラベルなどに追加した日付のフィールドは自動的に「年」などの単位でグループ化されるため、上位の階層に指定すると、下位のフィールドが隠れてしまいます。日付のフィールドは階層の最下位に追加する方が無難です。

日付を上位に追加すると下位フィールドが隠れてしまう

行ラベルや列ラベルに日付のフィールドを指定すると、「年」、「四半期」、「月」の3つの階層に分かれたフィールドが自動的に追加され、同じ年や四半期、月のデータは自動的にグループ化されます。

このとき、日付よりも下位に他のフィールドがあると、追加した直後はフィールドが見えなくなってしまうため注意が必要です（**図4-17**）。

行ラベルや列ラベルの階層では、最も下位のレベルに日付のフィールドを追加する方がよいでしょう。

参照➔ **5-4-1** 日付を年、四半期、月単位でグループ化する

図4-17 日付を上位に追加すると下位の分類フィールドが隠れる

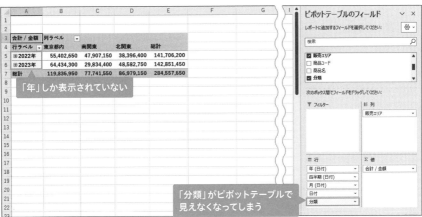

「分類」フィールドを「日付」の上位に移動する

それでは、「分類」と「日付」フィールドの上位・下位を入れ替えてみましょう。ピボットテーブル内をクリックし、「ピボットテーブルのフィールド」作業ウィンドウで、「行」ボックスにある「分類」フィールドを「年」の上までドラッグします（図4-18）。

図4-18 「分類」フィールドを「日付」の上位に移動する

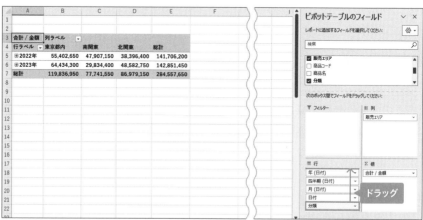

これで、「分類」が「日付」のフィールドよりも上位に変わり、ピボットテーブルに分類が表示されました（図4-19）。

図4-19 「分類」が上位になり「日付」が内訳として表示された

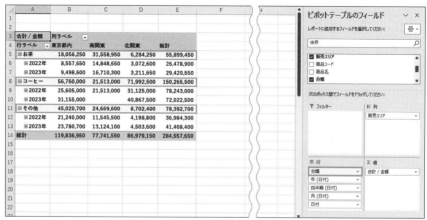

4 - 3 - 1 下位フィールドの合計を表の下にまとめて表示する

行ラベルや列ラベルを階層構造にすると、下位のフィールドでは、同じアイテムの集計値が離れた箇所に表示されます。下位フィールドでもアイテムごとに集計値をまとめて表示させる方法を知っておくと便利です。

商品名ごとの総合計がわかるようにしたい

　行ラベルや列ラベルのフィールドを階層構造にすると、上位のフィールドにはアイテム別の小計が表示されますが、**下位のフィールドでは明細のみがバラバラに分かれて表示され**、同じ商品や顧客の売上の合計はわからなくなります。

　図4-20 のピボットテーブルでは、行ラベルのフィールドで「支社」が上位に、「商品名」が下位になるよう設定しています。この場合、「さいたま支社」、「浦安支社」など、支社ごとの合計はわかります。しかし、「商品名」フィー

図4-20　下位のフィールドは分かれて表示される

	A	B	C	D
1				
2				
3	合計 / 金額	列ラベル ▼		
4	行ラベル ▼	2022年	2023年	総計
5	⊟ さいたま支社	34,390,050	44,748,600	79,138,650
6	カフェオーレ	13,260,000	16,702,500	29,962,500
7	コーンスープ	67,500		67,500
8	ココア	2,028,000	2,203,500	4,231,500
9	ドリップコーヒー	16,931,250	23,542,500	40,473,750
10	ミネラルウォーター	2,103,300	2,300,100	4,403,400
11	⊟ 浦安支社	24,124,700	6,799,800	30,924,500
12	カップ麺詰め合わせ	81,000		81,000
13	コーンスープ	3,082,500	3,712,500	6,795,000
14	ドリップコーヒー	9,460,000		9,460,000
15	ミネラルウォーター	3,001,200	3,087,300	6,088,500
16	無糖コーヒー	8,500,000		8,500,000
17	⊟ 横浜支社	23,782,450	23,034,600	46,817,050
18	カップ麺詰め合わせ	1,863,000	2,376,000	4,239,000
19	カフェオーレ	3,553,000		3,553,000
20	ミネラルウォーター	3,517,800	3,948,300	7,466,100
21	紅茶	7,371,000	8,802,000	16,173,000

ルドでは、同一の商品がそれぞれの支社の下に分断されてしまいます。たとえば「カフェオーレ」の合計売上金額はいくらなのかが、この表からはわかりません。

　下位フィールドのアイテムごとの合計を見たい場合は、表の下にまとめて表示するように設定しましょう。「商品名」フィールドの「小計とフィルター」を利用すると、図4-21のように、商品名ごとの合計をピボットテーブルの末尾に表示できます。これなら、各商品の合計が一目でわかります。

図4-21　下位フィールドの合計を表の下にまとめて表示する

	A	B	C	D	E
1					
2					
3	合計 / 金額	列ラベル ▼			
4	行ラベル ▼	2022年	2023年	総計	
5	⊟さいたま支社	34,390,050	44,748,600	79,138,650	
6	カフェオーレ	13,260,000	16,702,500	29,962,500	
7	コーンスープ	67,500		67,500	
8	ココア	2,028,000	2,203,500	4,231,500	
9	ドリップコーヒー	16,931,250	23,542,500	40,473,750	
10	ミネラルウォーター	2,103,300	2,300,100	4,403,400	
11	⊟浦安支社	24,124,700	6,799,800	30,924,500	
12	カップ麺詰め合わせ	81,000		81,000	
13	コーンスープ	3,082,500	3,712,500	6,795,000	
14	ドリップコーヒー	9,460,000		9,460,000	
15	ミネラルウォーター	3,001,200	3,087,300	6,088,500	
16	無糖コーヒー	8,500,000		8,500,000	
17	⊟横浜支社	23,782,450	23,034,600	46,817,050	
18	カップ麺詰め合わせ	1,863,000	2,376,000	4,239,000	
19	カフェオーレ	3,553,000		3,553,000	
20	ミネラルウォーター	3,517,800	3,948,300	7,466,100	
21	紅茶	7,371,000	8,802,000	16,173,000	
22	煎茶	4,264,650	4,492,800	8,757,450	
39	コーンスープ	3,262,500	3,510,000	6,772,500	
40	ミネラルウォーター	5,621,100	6,014,700	11,635,800	
41	無糖コーヒー	25,350,000	30,900,000	56,250,000	
42	カップ麺詰め合わせ 合計	12,123,000	13,581,000	25,704,000	
43	カフェオーレ 合計	17,068,000	16,957,500	34,025,500	
44	コーンスープ 合計	6,412,500	7,222,500	13,635,000	
45	ココア 合計	2,262,000	2,671,500	4,933,500	
46	ドリップコーヒー 合計	26,875,000	23,865,000	50,740,000	
47	ミネラルウォーター 合計	16,186,800	17,933,400	34,120,200	
48	紅茶 合計	14,148,000	15,957,000	30,105,000	
49	煎茶 合計	9,090,900	10,021,050	19,111,950	
50	麦茶 合計	3,240,000	3,442,500	6,682,500	
51	無糖コーヒー 合計	34,300,000	31,200,000	65,500,000	
52	総計	141,706,200	142,851,450	284,557,650	
53					

「階層」を使いこなして活用の幅を広げる

下位フィールドの合計を表の下に表示する

ピボットテーブル内の「商品名」フィールドのいずれかのセルで右クリックし、表示されるメニューから「フィールドの設定」を選択します（図4-22）。

図4-22　「フィールドの設定」ダイアログボックスを開く

「商品名」フィールドの「フィールドの設定」ダイアログボックスが開くので、「小計とフィルター」タブを選択し、「小計」から「指定」を選択します。次に、集計方法の一覧から「合計」を選択し、「OK」をクリックします（図4-23）。

図4-23 「フィールドの設定」で合計が表示されるように設定

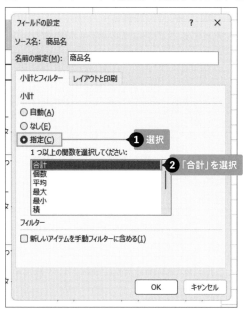

これで図4-21のように、ピボットテーブルの末尾に商品名ごとの合計がまとめて表示されます。

4-3-2 見出しや小計のレイアウトを変更する

行ラベルや列ラベルの階層構造や小計行のレイアウトは、「コンパクト形式」、「アウトライン形式」、「表形式」の3種類から選ぶことができます。それぞれの違いを理解し、用途に応じて選ぶとよいでしょう。

階層構造のレイアウトを変更したい

複数のフィールドを設定して階層構造になった行ラベルや列ラベルでは、「レポートのレイアウト」から種類を選ぶと、見出しの階層や小計行の表示方法を変更できます。

レイアウトには「コンパクト形式」、「アウトライン形式」、「表形式」の3種類があり、ピボットテーブル作成直後は「コンパクト形式」が選択されています。

レイアウトの種類を変更するには、ピボットテーブル内の任意のセルをクリックし、「デザイン」タブの「レポートのレイアウト」をクリックします。表示される「コンパクト形式で表示」、「アウトライン形式で表示」、「表形式で表示」からレイアウトを選択します（図4-24）。

図4-24　階層の構造は3種類から選択できる

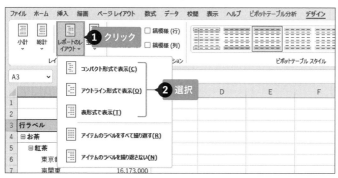

コンパクト形式（初期値）

　行ラベルに設定した複数の階層の見出しが1列にまとめて表示されます。行ラベルが幅を取らなくなるため、ピボットテーブルがコンパクトになるのが特徴です。

　小計はそれぞれの項目の先頭行に表示されます。（図4-25）。

図4-25　コンパクト形式

行ラベル	合計 / 金額
⊟お茶	55,899,450
⊟紅茶	30,105,000
東京都内	13,878,000
南関東	16,173,000
北関東	54,000
⊟煎茶	19,111,950
東京都内	4,124,250
南関東	8,757,450
北関東	6,230,250
⊟麦茶	6,682,500
東京都内	54,000
南関東	6,628,500
⊟コーヒー	150,265,500
⊟カフェオーレ	34,025,500
東京都内	510,000
南関東	3,553,000
北関東	29,962,500

アウトライン形式

　行ラベルに設定した複数の階層の見出しが列を分けて表示され、階層が下がるとデータを1行ずつ下にずらして表示されます。階層の違いがわかりやすい形式です。

　小計はそれぞれの項目の先頭行に表示されます（図4-26）。

図4-26　アウトライン形式

分類	商品名	販売エリア	合計 / 金額
⊟お茶			55,899,450
	⊟紅茶		30,105,000
		東京都内	13,878,000
		南関東	16,173,000
		北関東	54,000
	⊟煎茶		19,111,950
		東京都内	4,124,250
		南関東	8,757,450
		北関東	6,230,250
	⊟麦茶		6,682,500
		東京都内	54,000
		南関東	6,628,500
⊟コーヒー			150,265,500
	⊟カフェオーレ		34,025,500
		東京都内	510,000
		南関東	3,553,000
		北関東	29,962,500
	ドリップコーヒー		50,740,000

表形式

　行ラベルに設定した複数の階層の見出しが列を分けて表示され、階層が下がってもデータは同じ行から開始されます。一般の集計表と同じレイアウトなので、ピボットテーブルのデータを別表としてコピーする際に便利です。

　小計はそれぞれの項目の末尾に表示されます（図4-27）。

図4-27　表形式

分類	商品名	販売エリア	合計 / 金額
⊟お茶	⊟紅茶	東京都内	13,878,000
		南関東	16,173,000
		北関東	54,000
	紅茶 集計		30,105,000
	⊟煎茶	東京都内	4,124,250
		南関東	8,757,450
		北関東	6,230,250
	煎茶 集計		19,111,950
	⊟麦茶	東京都内	54,000
		南関東	6,628,500
	麦茶 集計		6,682,500
お茶 集計			55,899,450
⊟コーヒー	⊟カフェオーレ	東京都内	510,000
		南関東	3,553,000
		北関東	29,962,500
	カフェオーレ 集計		34,025,500
	⊟ドリップコー	南関東	9,460,000
		北関東	41,280,000
	ドリップコーヒー 集計		50,740,000

上位フィールドの項目を繰り返し表示する

「表形式」または「アウトライン形式」を選択すると、行ラベルや列ラベルの階層が列を分けて表示されます。このとき、初期設定では同一の見出しは先頭のセルだけに表示されます。見出しを下の空いたセルにも繰り返して表示したい場合は、次のように設定を変更しましょう。**上位の見出しを省略せずにすべてのセルに表示させたい場合に便利です。**

図4-24を参考にピボットテーブル内の任意のセルをクリックし、「デザイン」タブの「レポートのレイアウト」から「アイテムのラベルをすべて繰り返す」を選択します。

すると、**図4-28**のように「分類」と「商品名」のアイテムがすべてのセルに表示されます。

図4-28　見出しがすべてのセルに表示された（アウトライン形式）

	A	B	C	D	E
1					
2					
3	分類　▼	商品名　▼	販売エリア　▼	合計 / 金額	
4	⊟お茶			55,899,450	
5	お茶	⊟紅茶		30,105,000	
6	お茶	紅茶	東京都内	13,878,000	
7	お茶	紅茶	南関東	16,173,000	
8	お茶	紅茶	北関東	54,000	
9	お茶	⊟煎茶		19,111,950	
10	お茶	煎茶	東京都内	4,124,250	
11	お茶	煎茶	南関東	8,757,450	
12	お茶	煎茶	北関東	6,230,250	
13	お茶	⊟麦茶		6,682,500	
14	お茶	麦茶	東京都内	54,000	
15	お茶	麦茶	南関東	6,628,500	
16	⊟コーヒー			150,265,500	
17	コーヒー	⊟カフェオーレ		34,025,500	

🖐 ONE POINT

上位のアイテムを繰り返し表示する設定を解除したい場合は、ピボットテーブル内の任意のセルをクリックし、「デザイン」タブの「レポートのレイアウト」から「アイテムのラベルを繰り返さない」を選択します。

上位の見出しを結合して1つに表示する

「表形式」または「アウトライン形式」を選択すると、行ラベルや列ラベル

の階層が列を分けて表示され、同一の見出しは先頭のセルだけに表示されます。次のように操作すると、下の空いたセルを結合して、中央に見出しを表示させることができます。<mark>一般の集計表でセル結合をするのと同じようなレイアウトにしたい場合</mark>に便利です。

　ピボットテーブル内の任意のセルで右クリックし、「ピボットテーブルオプション」を選択します。「ピボットテーブルオプション」ダイアログボックスが開いたら、「レイアウトと書式」タブを選択します。「セルとラベルを結合して中央揃えにする」にチェックを入れて「OK」をクリックします（図4-29）。

図4-29　「ピボットテーブルオプション」でセル結合と中央揃えの設定をする

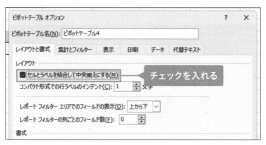

　すると、図4-30のように「分類」と「商品名」のセルが結合され、その中央に見出しが表示されます。

図4-30　結合されたセルの中央に見出しが表示された（表形式）

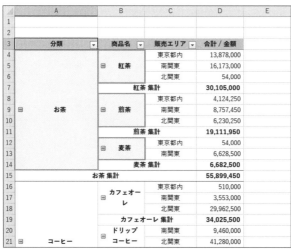

4-3-3 小計の表示方法を変更する

行ラベルや列ラベルに複数のフィールドを設定すると、上位のフィールドには小計が表示されます。この小計の表示位置を変更する方法や、表示しないように設定する方法を知っておきましょう。

小計の表示方法を変更したい

行ラベルや列ラベルに複数のフィールドを設定すると、上位のフィールドには小計が表示されます。小計は、表示する位置を「フィールドの先頭」、「フィールドの末尾」、「なし」の3種類から選ぶことができます。

小計の位置は、階層のレイアウトによっても変わります。また、階層のレイアウトを設定後、次の手順で小計の位置を変更することも可能です。ただし、表形式を選んだ場合は、小計の位置は「フィールドの末尾」に固定され、「フィールドの先頭」に変更することはできません。

小計の表示位置を変更するには、ピボットテーブル内の任意のセルをクリックし、「デザイン」タブの「小計」をクリックします。表示される「小計を表示しない」、「すべての小計をグループの末尾に表示する」、「すべての小計をグループの先頭に表示する」から選択します（図4-31）。

図4-31　小計の表示方法は3種類から選択できる

小計を表示しない

　小計欄にはアイテムの見出しだけが表示され、集計値は表示されなくなります。小計が不要で、階層構造になった上位のフィールド名を項目見出しとしてすっきりと見せたいときに便利です（図4-32）。

図4-32　小計を表示しない

合計 / 金額	列ラベル		
行ラベル	2022年	2023年	総計
□さいたま支社			
□コーヒー			
カフェオーレ	13,260,000	16,702,500	29,962,500
ドリップコーヒー	16,931,250	23,542,500	40,473,750
□その他			
コーンスープ	67,500		67,500
ココア	2,028,000	2,203,500	4,231,500
ミネラルウォーター	2,103,300	2,300,100	4,403,400
□浦安支社			
□コーヒー			
ドリップコーヒー	9,460,000		9,460,000
無糖コーヒー	8,500,000		8,500,000
□その他			
カップ麺詰め合わせ	81,000		81,000

すべての小計をグループの末尾に表示する

　階層構造になった上位のフィールドの末尾に「○○集計」という行が追加されて、小計がそこに表示されます。一般的な集計表のレイアウトですが、行数が多くなります（図4-33）。

図4-33　すべての小計をグループの末尾に表示する

合計 / 金額	列ラベル		
行ラベル	2022年	2023年	総計
□さいたま支社			
□コーヒー			
カフェオーレ	13,260,000	16,702,500	29,962,500
ドリップコーヒー	16,931,250	23,542,500	40,473,750
コーヒー 集計	30,191,250	40,245,000	70,436,250
□その他			
コーンスープ	67,500		67,500
ココア	2,028,000	2,203,500	4,231,500
ミネラルウォーター	2,103,300	2,300,100	4,403,400
その他 集計	4,198,800	4,503,600	8,702,400
さいたま支社 集計	34,390,050	44,748,600	79,138,650
□浦安支社			
□コーヒー			
ドリップコーヒー	9,460,000		9,460,000

すべての小計をグループの先頭に表示する

　上位の項目見出しと同じ行に小計が表示されます。小計が上、明細がその下に表示されるレイアウトです。行数が増えないためコンパクトに収まります。

　ただし、階層構造のレイアウトが表形式の場合は利用できません。また、列ラベルにも設定できません（図4-34）。

図4-34　すべての小計をグループの先頭に表示する

合計 / 金額	列ラベル		
行ラベル	2022年	2023年	総計
□さいたま支社	34,390,050	44,748,600	79,138,650
□コーヒー	30,191,250	40,245,000	70,436,250
カフェオーレ	13,260,000	16,702,500	29,962,500
ドリップコーヒー	16,931,250	23,542,500	40,473,750
□その他	4,198,800	4,503,600	8,702,400
コーンスープ	67,500		67,500
ココア	2,028,000	2,203,500	4,231,500
ミネラルウォーター	2,103,300	2,300,100	4,403,400
□浦安支社	24,124,700	6,799,800	30,924,500
□コーヒー	17,960,000		17,960,000
ドリップコーヒー	9,460,000		9,460,000
無糖コーヒー	8,500,000		8,500,000
□その他	6,164,700	6,799,800	12,964,500
カップ麺詰め合わせ	81,000		81,000

参照→ 4-3-2 見出しや小計のレイアウトを変更する

0
1
2
3
4
5
6
7
8

「階層」を使いこなして活用の幅を広げる

一部の上位フィールドの小計を非表示にする

　行ラベルや列ラベルの階層が3階層以上の場合、**一部の上位フィールドの小計を省略してすっきりと見せる**こともできます。

　たとえば、行ラベルに「支社名」、「分類」、「商品名」という3つのフィールドを設定している場合に、「支社名」の小計は表示しますが、「分類」の小計を表示させないようにしたいといった場合です。

　この場合は、「分類」フィールドのいずれかのセルで右クリックし、表示されるメニューから「フィールドの設定」を選択します。「分類」フィールドの「フィールドの設定」ダイアログボックスが開いたら、「小計とフィルター」タブを選択し、「小計」で「なし」を選択して、「OK」をクリックします（図4-35）。

図4-35　「フィールドの設定」で一部のフィールドの小計を非表示にする

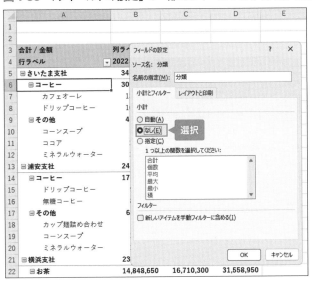

　これで「分類」フィールドだけは小計が非表示になります（図4-36）。分類は項目見出しだけを表示すればいい、といった場合に役立ちます。

図4-36　「分類」の小計が省略された

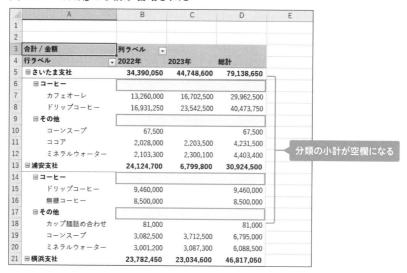

	A	B	C	D	E
1					
2					
3	合計 / 金額	列ラベル　▼			
4	行ラベル　　　　▼	2022年	2023年	総計	
5	⊟さいたま支社	34,390,050	44,748,600	79,138,650	
6	⊟コーヒー				
7	カフェオーレ	13,260,000	16,702,500	29,962,500	
8	ドリップコーヒー	16,931,250	23,542,500	40,473,750	
9	⊟その他				
10	コーンスープ	67,500		67,500	
11	ココア	2,028,000	2,203,500	4,231,500	
12	ミネラルウォーター	2,103,300	2,300,100	4,403,400	
13	⊟浦安支社	24,124,700	6,799,800	30,924,500	
14	⊟コーヒー				
15	ドリップコーヒー	9,460,000		9,460,000	
16	無糖コーヒー	8,500,000		8,500,000	
17	⊟その他				
18	カップ麺詰め合わせ	81,000		81,000	
19	コーンスープ	3,082,500	3,712,500	6,795,000	
20	ミネラルウォーター	3,001,200	3,087,300	6,088,500	
21	⊟横浜支社	23,782,450	23,034,600	46,817,050	

分類の小計が空欄になる

⚠ C A U T I O N

「フィールドの設定」ダイアログボックスで「小計」欄に「なし」を選択すると、表示されなくなるのは対象となる一部の上位フィールドのみですが、「デザイン」タブの「小計」から「小計を表示しない」を選択した場合は、**図4-32**のようにすべての上位フィールドの小計が表示されなくなります。両者を混同しないように注意しましょう。

「階層」を使いこなして活用の幅を広げる

第-5-章

ピボットテーブル分析の基本

5-1-1 合計金額の高い順に並べ替える

ピボットテーブルのデータは一般の表と同じように並べ替えができます。たとえば売上金額の高いものからデータを並べ替えると、重要な商品のデータを優先的に確認できるようになります。

商品ごとの売上データを金額の降順で並べ替えたい

ピボットテーブルのデータは、行ラベルや列ラベルに設定したフィールドを基準にして並びます。項目の並び順のままではなく、集計値を基準にして並べ替えると、売上の大きい商品が先頭に来るので、売れ筋の把握がしやすくなります。

並べ替えの基準には、小さなものから大きなものへと並べる「昇順」と、その反対の「降順」があります。**図5-1**のAfterのピボットテーブルは、売上金額の高い順に商品の分類を並べ替えています。さらに、それぞれの分類の中では、各商品のデータが金額の高い順に並ぶように設定しました。階層に

図5-1　降順で並べ替える

Before

行ラベル	合計 / 金額
⊟お茶	55,899,450
紅茶	30,105,000
煎茶	19,111,950
麦茶	6,682,500
⊟コーヒー	150,265,500
カフェオーレ	34,025,500
ドリップコーヒー	50,740,000
無糖コーヒー	65,500,000
⊟その他	78,392,700
カップ麺詰め合わせ	25,704,000
コーンスープ	13,635,000
ココア	4,933,500
ミネラルウォーター	34,120,200
総計	284,557,650

After

行ラベル	合計 / 金額
⊟コーヒー	150,265,500
無糖コーヒー	65,500,000
ドリップコーヒー	50,740,000
カフェオーレ	34,025,500
⊟その他	78,392,700
ミネラルウォーター	34,120,200
カップ麺詰め合わせ	25,704,000
コーンスープ	13,635,000
ココア	4,933,500
⊟お茶	55,899,450
紅茶	30,105,000
煎茶	19,111,950
麦茶	6,682,500
総計	284,557,650

なった集計データは、このように上位のフィールドだけでなく、**その内訳となる下位のフィールドでも並べ替えを設定しておくと万全**です。

「分類」と「商品名」で並べ替えを実行する

　ピボットテーブルを合計金額の高いものから順に並べ替えるには、「金額」フィールドを基準に「降順」の並べ替えを指定します。このとき、行ラベルが階層構造になっている場合は、上位のフィールド、下位のフィールドそれぞれで並べ替えを実行します。

　「分類」フィールドを「金額」の降順に並べ替えるには、「分類」フィールドのいずれかの集計値のセルを選択し、「データ」タブの「降順」をクリックします（**図5-2**）。

図5-2　「データ」タブの「降順」で並べ替える

　これで合計金額の高い順に分類が並べ替えられます。同様に、「商品名」フィールドのいずれかの集計値のセルを選択し、「データ」タブの「降順」をクリックします。すると、**図5-1**のAfterのように各商品がそれぞれの分類の中でも降順に並びます。

5-1-2 昇順や降順ではない順序で項目を並べ替える

ピボットテーブルの項目はドラッグ操作で個別に並べ替えられます。「『コーヒー』は『お茶』より上に表示したい」といった独自の順序で項目を表示したいときに利用するとよいでしょう。

個別に項目の順序を入れ替えたい

「商品名」や「支社名」といった文字列のフィールドを「昇順」や「降順」で並べ替えると、**漢字交じりのフィールドは文字コード順（コンピュータ上で各文字に割り当てられているコード順）に並び、ひらがな・カタカナのみのフィールドは五十音順になります。**このような自動で設定される順序ではなく、自分の決めた順序で項目を並べ替えるには、ドラッグ操作を使いましょう。

図5-3のBeforeのピボットテーブルでは、行ラベルの「分類」フィールドが「お茶」、「コーヒー」、「その他」の順に並んでいます。Afterのピボットテーブルでは、これを手作業で変更して「コーヒー」、「お茶」、「その他」の順番にして、販売の主力である「コーヒー」が「お茶」よりも上に来るようにしています。

図5-3 個別に項目の順序を入れ替える

Before

行ラベル	合計 / 金額
⊟お茶	55,899,450
紅茶	30,105,000
煎茶	19,111,950
麦茶	6,682,500
⊟コーヒー	150,265,500
カフェオーレ	34,025,500
ドリップコーヒー	50,740,000
無糖コーヒー	65,500,000
⊟その他	78,392,700
カップ麺詰め合わせ	25,704,000
コーンスープ	13,635,000
ココア	4,933,500
ミネラルウォーター	34,120,200
総計	284,557,650

After

行ラベル	合計 / 金額
⊟コーヒー	150,265,500
カフェオーレ	34,025,500
ドリップコーヒー	50,740,000
無糖コーヒー	65,500,000
⊟お茶	55,899,450
紅茶	30,105,000
煎茶	19,111,950
麦茶	6,682,500
⊟その他	78,392,700
カップ麺詰め合わせ	25,704,000
コーンスープ	13,635,000
ココア	4,933,500
ミネラルウォーター	34,120,200
総計	284,557,650

分類の項目をドラッグで移動

分類「コーヒー」を「お茶」の上に移動します。「コーヒー」のセル（A8）をクリックして選択し、枠の上にマウスポインターを合わせます。このとき、マウスポインターの形状は**図5-4**のようになります。

図5-4　並べ替えたいセルの枠にマウスポインターを合わせる

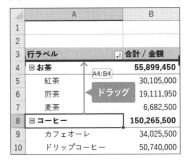

そのまま、横線が「お茶」よりも上に表示されるところまでドラッグします（**図5-5**）。これで、**図5-3**のAfterのように分類が「コーヒー」、「お茶」、「その他」の順番になります。なお、「分類」フィールドの並び順をドラッグで変更すると、下位のフィールドである「商品名」も一緒に移動します。

図5-5　並べ替えたい位置にドラッグする

	A	B
1		
2		
3	行ラベル	合計 / 金額
4	⊟お茶	55,899,450
5	紅茶	30,105,000
6	煎茶	19,111,950
7	麦茶	6,682,500
8	⊟コーヒー	150,265,500
9	カフェオーレ	34,025,500
10	ドリップコーヒー	50,740,000

A4:B4　ドラッグ

●ONEPOINT

商品名フィールドでも、それぞれの商品名のセルをドラッグすれば、個別に並べ替えることができます。

5 - 1 - 3 名称ではなくコード順に並べ替える

一般に、商品名のような文字列のフィールドは、並べ替えを行うと文字コード順（コンピュータ上で各文字に割り当てられているコード順）に並びます。これを、自社で設定している商品コード順に並べ替える方法を知っておくと、商品のデータを見慣れた順番に配置できるようになります。

コード順に商品や顧客を並べ替えたい

　商品名、顧客名といったフィールドには、社内で利用されるコードが設定されていることが多いものです。これらのコード順に項目を並べ替えたい場合は、「商品名」フィールドの上位に「商品コード」フィールドを追加しましょう。行ラベルや列ラベルの並び順は、上位フィールドが優先されるので、これでデータ全体の並び順が商品コード順に変更されます。その後、商品コードと商品名が同じ行に配置されるようにレイアウトを調整します。

　図5-6のBeforeのピボットテーブルでは、「商品名」フィールドの文字コード順に集計値が並んでいます。

　行ラベルに「商品名」フィールドを単独で追加すると、通常はBeforeのような並び順になります。

　このピボットテーブルに「商品コード」フィールドを追加して、コード順に商品名が並ぶように変更した結果がAfterのピボットテーブルです。これなら日常で見慣れているコード順の商品リストになるので、使い勝手が格段によくなります。

図5-6 「商品コード」を追加して並べ替える

Before

	A	B
1		
2		
3	行ラベル ▾	合計 / 金額
4	カップ麺詰め合わせ	25,704,000
5	カフェオーレ	34,025,500
6	コーンスープ	13,635,000
7	ココア	4,933,500
8	ドリップコーヒー	50,740,000
9	ミネラルウォーター	34,120,200
10	紅茶	30,105,000
11	煎茶	19,111,950
12	麦茶	6,682,500
13	無糖コーヒー	65,500,000
14	総計	284,557,650

After

	A	B	C
1			
2			
3	商品コード	商品名 ▾	合計 / 金額
4	⊟ C1001	ドリップコーヒー	50,740,000
5	⊟ C1002	カフェオーレ	34,025,500
6	⊟ C1003	無糖コーヒー	65,500,000
7	⊟ E1001	ミネラルウォーター	34,120,200
8	⊟ E1002	コーンスープ	13,635,000
9	⊟ E1003	カップ麺詰め合わせ	25,704,000
10	⊟ E1004	ココア	4,933,500
11	⊟ T1001	煎茶	19,111,950
12	⊟ T1002	麦茶	6,682,500
13	⊟ T1003	紅茶	30,105,000
14	総計		284,557,650
15			

STEP 1 「商品コード」を行ラベルに追加する

　まず、「商品コード」フィールドを行ラベルの「商品名」の上位に追加します。ピボットテーブル内の任意のセルを選択し、「ピボットテーブルのフィールド」作業ウィンドウのフィールドセクションから、「商品コード」を「行」ボックスの「商品名」の上までドラッグします（図5-7）。

図5-7 「商品コード」を「行」ボックスに追加する

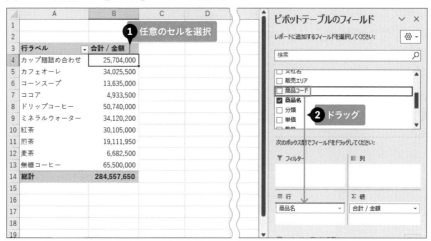

「商品コード」が「商品名」の上位の階層に追加され、それぞれの商品コードに対応する商品名がその下の行に表示されます。この時点で、行ラベルの並び順は「商品コード」の昇順に変更されます（図5-8）。

図5-8 追加された「商品コード」の昇順に並んでいる

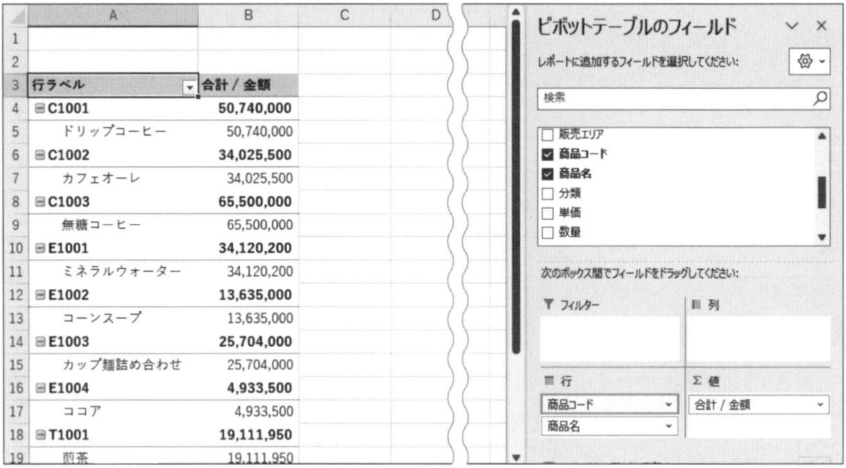

STEP 2 ピボットテーブルのレイアウトを調整する

商品コードと商品名が別々の行に表示されているため、続けて、上位の階層と下位の階層が同じ行に表示されるよう、ピボットテーブルのレイアウトを表形式に変更します。

ピボットテーブル内の任意のセルをクリックし、「デザイン」タブの「レポートのレイアウト」から「表形式で表示」を選択します（図5-9）。

参照→ 4-3-2 見出しや小計のレイアウトを変更する

図5-9　レイアウトを表形式に変更する

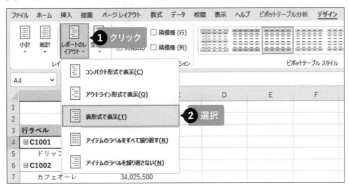

　これで階層の異なる「商品コード」と「商品名」が同じ行に表示されました。同時に、それぞれの行の下には「商品コード」の小計が表示されますが、1つの商品コードに対応する商品名は1件だけなので、小計の金額は明細と等しくなります。この小計を表示する意味はないため、小計を非表示にします。

　ピボットテーブル内の任意のセルをクリックし、「デザイン」タブの「小計」から「小計を表示しない」を選択します（**図5-10**）。

　これで、**図5-6**のAfterのように、商品コード順に並んだ集計表が完成します。

参照→ **4-3-3** 小計の表示方法を変更する

図5-10　小計を非表示にする

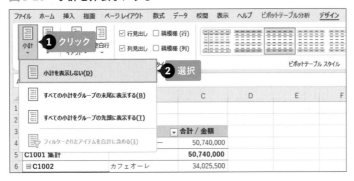

5-1-4 独自に登録した順序で並べ替える

常に、昇順や降順ではない独自の順序で並べ替えるフィールドがあるときは、「ユーザー設定リスト」に登録すると、その順番を「並べ替え」機能で利用できるようになります。支社や部署を職場の序列に沿って並べたい場合などに便利です。

支社名を「本社」から順に並べたい

図5-11のピボットテーブルでは、行ラベルに「支社名」フィールドを設定して、支社ごとに売上金額を集計しています。特に設定しなければ、文字列フィールドの並び順は文字コード順になるため、支社名はBeforeのピボットテーブルのように並びます。

ところが、支社名は「本社」、「新宿支社」、「横浜支社」……といった社内で普段利用している順序があるので、ピボットテーブルでもそれに合わせて表示したいとします。このような場合は、「ユーザー設定リスト」に並び順を登録すれば、Afterのように登録した順序で並べ替えができるようになります。

図5-11 登録した順序で並べ替える

Before

	A	B
3	行ラベル	合計 / 金額
4	さいたま支社	79,138,650
5	浦安支社	30,924,500
6	横浜支社	46,817,050
7	新宿支社	31,516,650
8	前橋支社	7,840,500
9	本社	88,320,300
10	総計	284,557,650

After

	A	B
3	行ラベル	合計 / 金額
4	本社	88,320,300
5	新宿支社	31,516,650
6	横浜支社	46,817,050
7	浦安支社	30,924,500
8	さいたま支社	79,138,650
9	前橋支社	7,840,500
10	総計	284,557,650

STEP 1 ユーザー設定リストに並び順を登録する

あらかじめ、登録したい支社の並び順を**図5-14**のように、別のシートに入力しておきましょう。

次に、「ファイル」タブをクリックし、「オプション」を選択します。「オプション」ダイアログボックスが開いたら、「詳細設定」を選択し、「ユーザー設定リストの編集」をクリックします（**図5-12**）。

図5-12　「ユーザー設定リスト」ダイアログボックスを開く

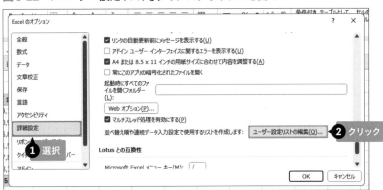

「ユーザー設定リスト」ダイアログボックスが開きます。「リストの取り込み元範囲」右の ⬆ ボタンをクリックします（**図5-13**）。

図5-13　リストの取り込み元範囲のボタンをクリック

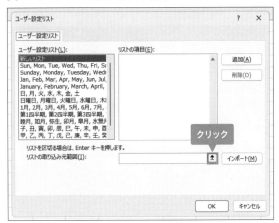

別のシートに入力しておいた支社の並び順のセル範囲（ここではA1から
A6セル）をドラッグして選択し、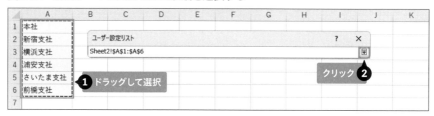をクリックします（図5-14）。

図5-14　別のシートに入力した並び順を選択する

　「ユーザー設定リスト」ダイアログボックスに戻ります。「リストの取り込
み元範囲」に選択したセル範囲が表示されるのを確認し、「インポート」をク
リックします（図5-15）。

図5-15　選択したセル範囲を確認してインポートする

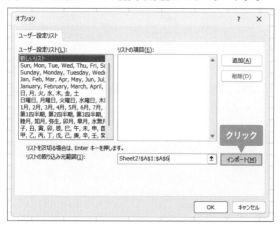

　「ユーザー設定リスト」の一番下に、支社名の並び順が登録され、「リスト
の項目」にその内容が表示されます。「OK」をクリックし「オプション」ダ
イアログボックスに戻ったら、再度「OK」をクリックしてダイアログボッ
クスを閉じれば登録完了です。

ユーザー設定リストの順番で並べ替える

　ピボットテーブルの「支社名」フィールドの任意のセルをクリックし、「データ」タブの「昇順」をクリックします（**図5-16**）。すると、**図5-11**のAfterのように支社名がユーザー設定リストに登録した順序で並べ替えられます。

図5-16　「昇順」をクリックすると登録した順序に並べ替えられる

👍ONE POINT

不要になったユーザー設定リストは、**図5-12**で示した手順で「ユーザー設定リスト」ダイアログボックスを開き、「ユーザー設定リスト」の一覧から選択して「削除」をクリックすると削除できます。これ以降の学習をテキストどおりに進めるためには、ここで追加したユーザー設定リストを削除しておきましょう。

⚠CAUTION

ユーザー設定リストを登録してもリストの順番で並べ替えができない場合は、ピボットテーブル内の任意のセルで右クリックし、「ピボットテーブルオプション」を選択します。表示される「ピボットテーブルオプション」ダイアログボックスの「集計とフィルター」タブで、「並べ替え時にユーザー設定リストを使用する」にチェックを入れて「OK」をクリックします。

5-2-1 特定の文字を含むものを抽出する

行ラベルや列ラベルの項目から特定の文字を含む内容だけを見たい場合は、「ラベルフィルター」を使って抽出しましょう。多数の商品から「○○茶」という商品だけを抜き出したい、といった場合に便利です。

ラベルフィルターで一部の商品名を抽出したい

　ピボットテーブルの集計結果から特定の商品の内容だけを表示すると、それらの商品の特徴をつかみやすくなります。行ラベルや列ラベルから商品名や顧客名を抽出するには、「ラベルフィルター」を利用します。

　図5-17のAfterのピボットテーブルでは、Beforeのピボットテーブルの行ラベルに表示された「商品名」フィールドの項目から、「○○茶」という商品だけを抽出しています。このようにラベルフィルターでは、「○○という言葉を含む」、「○○という言葉で終わる」といった条件を指定して、集計結果を絞り込むことができます。

図5-17 条件を指定して集計結果を絞り込む

Before

	A	B
1		
2		
3	行ラベル ▼	合計 / 金額
4	カップ麺詰め合わせ	25,704,000
5	カフェオーレ	34,025,500
6	コーンスープ	13,635,000
7	ココア	4,933,500
8	ドリップコーヒー	50,740,000
9	ミネラルウォーター	34,120,200
10	紅茶	30,105,000
11	煎茶	19,111,950
12	麦茶	6,682,500
13	無糖コーヒー	65,500,000
14	総計	284,557,650
15		

After

	A	B
1		
2		
3	行ラベル ▼	合計 / 金額
4	紅茶	30,105,000
5	煎茶	19,111,950
6	麦茶	6,682,500
7	総計	55,899,450
8		
9		
10		
11		
12		
13		
14		
15		

「茶」という言葉で終わる商品名を抽出する

図5-18のピボットテーブルで行ラベルの商品名から「〇〇茶」という商品を抽出するには、「『茶』という語で終わる」という条件でラベルフィルターを設定します。

「行ラベル」と表示された A3 セル右の▼をクリックして、「ラベルフィルター」にマウスポインターを重ねたときに表示される選択肢から、抽出の条件を選びます。ここでは「指定の値で終わる」を選択します。

図5-18 「ラベルフィルター」ダイアログボックスを開く

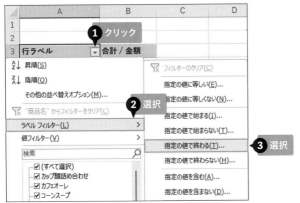

「ラベルフィルター（商品名）」ダイアログボックスが開きます。空欄に「茶」と入力すると「『茶』という語で終わる」という条件になります（図5-19）。「OK」をクリックすると、図5-17のAfterのように「〇〇茶」という商品が抽出されます。

図5-19 絞り込みの条件（文字）を入力する

ラベルフィルターを解除する

ラベルフィルターを解除する方法も覚えておきましょう。「行ラベル」（こ
こではA3セル）右の をクリックして、「"商品名"からフィルターをクリ
ア」を選択すると、抽出が解除され、すべての商品名のデータが元のように
表示されます（図5-20）。

図5-20　ラベルフィルターを解除する

階層になった行ラベルでラベルフィルターを設定する

行ラベルに複数のフィールドが設定され、見出しが階層構造になっている
場合は、ラベルフィルターを設定する際に、**抽出の対象となるフィールドを
最初に選択する必要があります。**

図5-21のピボットテーブルでは、行ラベルの「商品名」フィールドの上位

に「支社名」フィールドを追加しました。

このピボットテーブルで「商品名」フィールドにラベルフィルターを設定して、一部の商品の集計結果を抽出しましょう。

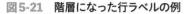

参照→ **4-2-1** 上位・下位にフィールドを追加する

図5-21　階層になった行ラベルの例

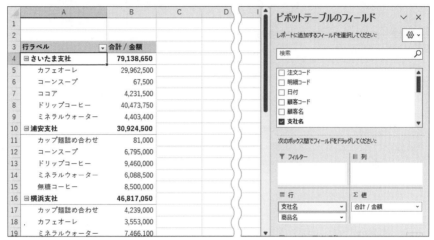

「行ラベル」（ここではA3セル）の右にある▼をクリックし、「フィールドの選択」のドロップダウン矢印をクリックすると、行ラベルに設定したフィールドを一覧から選択できます。

ここでは、「商品名」フィールドの内容でフィルターを設定するため、「商品名」を選択します（**図5-22**）。

図5-22　フィルターを設定したいフィールドを選択する

「フィールドの選択」で「商品名」を選択すると、下に表示される抽出条件が「商品名」フィールドの内容に切り替わります。

ここでは、「カフェオーレ」と「ドリップコーヒー」のデータを抽出しましょう。いったん「すべて選択」をクリックしてすべての項目のチェックをオフにしてから、「カフェオーレ」と「ドリップコーヒー」を再度クリックしてチェックを入れ、「OK」をクリックします（**図5-23**）。

図5-23　抽出したいデータを選択する

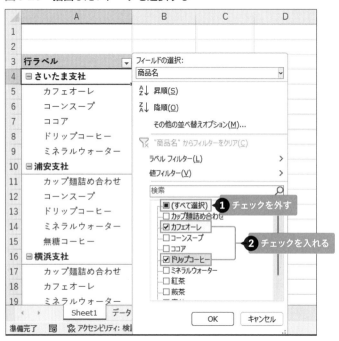

これで、ピボットテーブルには「カフェオーレ」と「ドリップコーヒー」の集計結果だけが表示されます。なお、上位フィールドの支社名も表示されるので、「カフェオーレ」や「ドリップコーヒー」の金額を支社別に確認できます。この場合「カフェオーレ」と「ドリップコーヒー」のどちらの商品も販売していない支社は表示されなくなります（**図5-24**）。

図5-24　選択したデータが抽出された

	A	B
1		
2		
3	行ラベル 🔽	合計 / 金額
4	⊟ さいたま支社	70,436,250
5	カフェオーレ	29,962,500
6	ドリップコーヒー	40,473,750
7	⊟ 浦安支社	9,460,000
8	ドリップコーヒー	9,460,000
9	⊟ 横浜支社	3,553,000
10	カフェオーレ	3,553,000
11	⊟ 新宿支社	510,000
12	カフェオーレ	510,000
13	⊟ 前橋支社	806,250
14	ドリップコーヒー	806,250
15	総計	84,765,500

🖐 ONE POINT

列ラベルでも、ラベルフィルターを設定して項目を抽出することができます。列ラベルの場合は、「列ラベル」と表示されたセルの▼をクリックして、行ラベルの場合と同様に設定します（**図5-25**）。

図5-25　列ラベルにラベルフィルターを設定した例

	A	B	C	D	E	F	G	H
1								
2								
3	合計 / 金額	列ラベル 🔽						
4	行ラベル 🔽	さいたま支社	浦安支社	横浜支社	新宿支社	前橋支社	本社	総計
5	お茶			31,558,950	18,056,250	6,284,250		55,899,450
6	コーヒー	70,436,250	17,960,000	3,553,000	510,000	1,556,250	56,250,000	150,265,500
7	その他	8,702,400	12,964,500	11,705,100	12,950,400		32,070,300	78,392,700
8	総計	79,138,650	30,924,500	46,817,050	31,516,650	7,840,500	88,320,300	284,557,650

5-2-2 特定の金額以上のものだけを抽出する

項目ではなく合計や平均など集計値の大小を基準にしてピボットテーブルの内容を抽出するには、「値フィルター」を使います。特定の金額以上を売り上げた商品データだけを見たい場合などに役立ちます。

金額の合計が３千万円以上の商品を抽出したい

行ラベルや列ラベルのフィルターには、「値」の欄に求められた集計値を基準にして抽出する**「値フィルター」**という機能があります。これを利用すると、「金額の合計が○円より大きい」、「点数の平均が○点から○点までの範囲内である」といった数値の大小を条件にして、該当する商品名や顧客名を抽出することができます。

図5-26のBeforeのピボットテーブルでは、行ラベルに「商品名」フィールドを、「値」に「金額」フィールドを指定して、商品別に売上金額を合計し

図5-26 一定の数値を基準に抽出する

Before

	A	B
3	行ラベル ▼	合計 / 金額
4	カップ麺詰め合わせ	25,704,000
5	カフェオーレ	34,025,500
6	コーンスープ	13,635,000
7	ココア	4,933,500
8	ドリップコーヒー	50,740,000
9	ミネラルウォーター	34,120,200
10	紅茶	30,105,000
11	煎茶	19,111,950
12	麦茶	6,682,500
13	無糖コーヒー	65,500,000
14	総計	284,557,650
15		

After

	A	B
3	行ラベル ▼	合計 / 金額
4	カフェオーレ	34,025,500
5	ドリップコーヒー	50,740,000
6	ミネラルウォーター	34,120,200
7	紅茶	30,105,000
8	無糖コーヒー	65,500,000
9	総計	214,490,700
10		
11		
12		
13		
14		
15		

ピボットテーブル分析の基本

ています。ここから売上金額が3千万円以上である商品名を値フィルターで抽出したのが、Afterのピボットテーブルです。

値フィルターで商品を抽出する

「値フィルター」を設定するには、「行ラベル」（ここではA3セル）の右にある▼をクリックして、「値フィルター」にマウスポインターを重ねます。すると、数値の大小を基準にしたフィルターの種類が表示されるので、条件を選びます。ここでは「指定の値以上」を選択します（**図5-27**）。

図5-27　「値フィルター」ダイアログボックスを開く

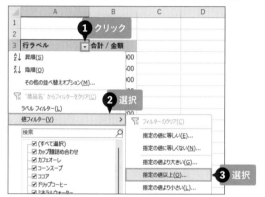

「値フィルター（商品名）」ダイアログボックスが開いたら、左端の欄に判定に使う集計値が「合計/金額」と表示されているのを確認します。中央の欄に基準となる数値を「30000000」と入力すると、「『金額』の合計が『3千万』以上」という指定になります（**図5-28**）。

「OK」をクリックすると、**図5-26**のAfterのように、金額の合計が3千万円以上の商品が抽出されます。

図5-28　基準となる数値を設定する

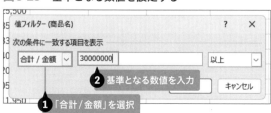

▌ クロス集計表で値フィルターを利用する

　値フィルターに指定した条件で数値の大小が判定されるのは、対象となるフィールドのそれぞれの項目の総計だけです。図5-26のような単純集計表では、各商品の金額欄が元から1つしかないので間違えることはありませんが、図5-29のようなクロス集計表で、「商品名」フィールドに「金額が3千万円以上である」という値フィルターを設定すると、3千万円以上かどうかの

図5-29　クロス集計表で抽出条件が反映される範囲

	A	B	C	D	E
1					
2					
3	合計 / 金額	列ラベル ▼			
4	行ラベル ▼	東京都内	南関東	北関東	総計
5	カップ麺詰め合わせ	21,384,000	4,320,000		25,704,000
6	カフェオーレ	510,000	3,553,000	29,962,500	34,025,500
7	コーンスープ	6,772,500	6,795,000	67,500	13,635,000
8	ココア	702,000		4,231,500	4,933,500
9	ドリップコーヒー		9,460,000	41,280,000	50,740,000
10	ミネラルウォーター	16,162,200	13,554,600	4,403,400	34,120,200
11	紅茶	13,878,000	16,173,000	54,000	30,105,000
12	煎茶	4,124,250	8,757,450	6,230,250	19,111,950
13	麦茶	54,000	6,628,500		6,682,500
14	無糖コーヒー	56,250,000	8,500,000	750,000	65,500,000
15	総計	119,836,950	77,741,550	86,979,150	284,557,650

> ここが3千万円以上かどうかを判定する

判定に使われるのはE5からE14セルの数値になります。B5からD14セルに表示された個別の金額が3千万円以上かどうかで抽出するわけではない点に注意が必要です。

「商品名」フィールドに「金額が3千万円以上である」という条件で値フィルターを設定するには、「行ラベル」（ここではA4セル）の右にある▼をクリックして、「値フィルター」にマウスポインターを重ね「指定の値以上」を選択します（**図5-30**）。

図5-30　「値フィルター」ダイアログボックスを開く

続けて「値フィルター（商品名）」ダイアログボックスが開くので、**図5-28**と同様に設定します。左端の欄に「合計/金額」と表示されるのを確認し、中央の欄に「30000000」と入力して「OK」をクリックすると、**図5-31**のように、総計欄が3千万円以上である商品名が抽出されます。

図5-31　総計が基準値以上のデータが抽出された

	A	B	C	D	E
1					
2					
3	合計 / 金額	列ラベル ▼			
4	行ラベル ▼	東京都内	南関東	北関東	総計
5	カフェオーレ	510,000	3,553,000	29,962,500	34,025,500
6	ドリップコーヒー		9,460,000	41,280,000	50,740,000
7	ミネラルウォーター	16,162,200	13,554,600	4,403,400	34,120,200
8	紅茶	13,878,000	16,173,000	54,000	30,105,000
9	無糖コーヒー	56,250,000	8,500,000	750,000	65,500,000
10	総計	86,800,200	51,240,600	76,449,900	214,490,700

5-2-3 上位5位までを表示する

トップテン機能を使うと、「上位〇件」、「下位〇パーセント」といった条件でピボットテーブルの内容を抽出できます。売上金額が上位のデータをもとに、売れ筋商品や大口の顧客を調べたい場合に便利です。

売上金額が上位5位までの商品を抽出したい

ピボットテーブルの集計結果から、「金額の高い順に〇件のデータ」、「上位〇パーセントに相当するデータ」といった内容を見たい場合は、「**トップテン**」フィルターを使うと、並べ替えや面倒な計算をせずに、それらをすばやく求めることができます。

図5-32のBeforeのピボットテーブルでは、行ラベルに「商品名」フィールドを、「値」に「金額」フィールドを指定して、商品別に売上金額を合計しています。ここから売上金額が高い商品上位5件を「トップテン」で抽出したのが、Afterのピボットテーブルです。

図5-32　数値が上位のデータを抽出する

Before

	A	B
1		
2		
3	行ラベル	合計 / 金額
4	カップ麺詰め合わせ	25,704,000
5	カフェオーレ	34,025,500
6	コーンスープ	13,635,000
7	ココア	4,933,500
8	ドリップコーヒー	50,740,000
9	ミネラルウォーター	34,120,200
10	紅茶	30,105,000
11	煎茶	19,111,950
12	麦茶	6,682,500
13	無糖コーヒー	65,500,000
14	総計	284,557,650
15		

After

	A	B
1		
2		
3	行ラベル	合計 / 金額
4	カフェオーレ	34,025,500
5	ドリップコーヒー	50,740,000
6	ミネラルウォーター	34,120,200
7	紅茶	30,105,000
8	無糖コーヒー	65,500,000
9	総計	214,490,700
10		
11		
12		
13		
14		
15		

トップテンで上位5件を抽出する

「トップテン」を設定するには、「行ラベル」（ここではA3セル）の右にある▼をクリックして、「値フィルター」にマウスポインターを重ね、「トップテン」を選択します（図5-33）。

図5-33 「トップテンフィルター」ダイアログボックスを開く

「トップテンフィルター（商品名）」ダイアログボックスが開くので、左端の欄に、判定に使う集計値が「合計/金額」と表示されているのを確認します。次に、中央の欄で「上位」を選択し、その右の欄に「5」と入力して、右端の欄で「項目」を選ぶと、「金額の合計が『上位5件』」という指定になります（図5-34）。

これで図5-32のAfterのように、金額の合計が上位5件に該当する商品のデータが抽出されます。

図5-34 金額の上位5件を抽出する

5 - 3 - 1 特定の支社などの 売上データだけを集計する

「新宿支社の売上だけを表示したい」といった場合にレポートフィルターを使うと、
リストから新宿支社の売上データだけを抜き出して集計表にすることができます。
支社ごとの売上結果を独立した集計表で比較したいような場合に便利です。

新宿支社の売上だけを対象にピボットテーブルを作りたい

特定の支社や分類の売上を抽出するには、ラベルフィルターを使って抽出
する方法があります。しかしラベルフィルターでは、抽出の対象となる
フィールドをあらかじめ行ラベルや列ラベルに配置しておく必要があります。

「レポートフィルター」を使うと、集計表全体を、特定の支社や分類だけを
対象にした集計値にすばやく切り替えられます。たとえば、図5-35のリスト
から、「支社名」フィールドに「新宿支社」と入力されたレコードだけを抜き
出して集計できます。

参照→ 5-2-1 特定の文字を含むものを抽出する

図5-35 「レポートフィルター」で特定の対象を抽出する

	A	B	C	D	E	F	G	H	I	J	K	L	M
1	主文コード	明細コード	日付	顧客コード	顧客名	支社名	販売エリア	商品コード	商品名	分類	単価	数量	金額
2	1101	1	2022/1/7	101	深田出版	本社	東京都内	E1001	ミネラルウォーター	その他	820	120	98,400
3	1101	2	2022/1/7	101	深田出版	本社	東京都内	E1002	コーンスープ	その他	1,500	75	112,500
4	1102	3	2022/1/7	102	寺本システム	本社	東京都内	E1001	ミネラルウォーター	その他	820	150	123,000
5	1102	4	2022/1/7	102	寺本システム	本社	東京都内	E1003	カップ麺詰め合わせ	その他	1,800	150	270,000
6	1102	5	2022/1/7	102	寺本システム	本社	東京都内	C1003	無糖コーヒー	コーヒー	2,000	450	900,000
7	1103	6	2022/1/7	103	西山フーズ	新宿支社	東京都内	T1001	煎茶	お茶	1,170	60	70,200
8	1103	7	2022/1/7	103	西山フーズ	新宿支社	東京都内	T1003	紅茶	お茶	1,800	150	270,000
9	1104	8	2022/1/7	104	吉村不動産	新宿支社	東京都内	E1001	ミネラルウォーター	その他	820	90	73,800
10	1104	9	2022/1/7	104	吉村不動産	新宿支社	東京都内	E1003	カップ麺詰め合わせ	その他	1,800	75	135,000
11	1104	10	2022/1/7	104	吉村不動産	新宿支社	東京都内	E1004	ココア	その他	1,300	15	19,500
12	1105	11	2022/1/7	105	川越トラベル	さいたま支社	北関東	E1001	ミネラルウォーター	その他	820	90	73,800
13	1105	12	2022/1/7	105	川越トラベル	さいたま支社	北関東	E1004	ココア	その他	1,300	60	78,000
31	1112	30	2022/1/15	102	寺本システム	本社	東京都内	E1003	カップ麺詰め合わせ	その他		450	900,000
32	1112	31	2022/1/15	102	寺本システム	本社	東京都内	C1003	無糖コーヒー	コーヒー	2,000	450	900,000
33	1113	32	2022/1/15	103	西山フーズ	新宿支社	東京都内	T1001	煎茶	お茶	1,170	60	70,200
34	1113	33	2022/1/15	103	西山フーズ	新宿支社	東京都内	T1003	紅茶	お茶	1,800	165	297,000
35	1114	34	2022/1/15	104	吉村不動産	新宿支社	東京都内	E1001	ミネラルウォーター	その他	820	90	73,800
36	1114	35	2022/1/15	104	吉村不動産	新宿支社	東京都内	E1003	カップ麺詰め合わせ	その他	1,800	75	135,000
37	1115	36	2022/1/15	105	川越トラベル	さいたま支社	北関東	E1001	ミネラルウォーター	その他	820	90	73,800
38	1115	37	2022/1/15	105	川越トラベル	さいたま支社	北関東	E1004	ココア	その他	1,300	60	78,000

集計対象になる
レコード

レポートフィルターを実行した結果、ピボットテーブルは**図5-36**のように
なります。A1セルに表示された「支社名」がレポートフィルターに指定し
たフィールド名で、B1セルに表示された「新宿支社」が抽出条件です。な
お、B1セルの内容を別の支社名に変更すれば、表示されるピボットテーブル
の内容もその支社の集計値に変わります。複数の支社を対象に抽出すること
も可能です。

図5-36　レポートフィルターを実行した結果

	A	B	C	D
1	支社名	新宿支社		
2				
3	合計 / 金額	列ラベル		
4	行ラベル	2022年	2023年	総計
5	カップ麺詰め合わせ	3,564,000	4,158,000	7,722,000
6	カフェオーレ	255,000	255,000	510,000
7	ココア	234,000	468,000	702,000
8	ミネラルウォーター	1,943,400	2,583,000	4,526,400
9	紅茶	6,723,000	7,155,000	13,878,000
10	煎茶	1,807,650	2,316,600	4,124,250
11	麦茶	27,000	27,000	54,000
12	総計	14,554,050	16,962,600	31,516,650

レポートフィルターにフィールドを追加する

　レポートフィルターを使って新宿支社の集計結果を抽出するには、まず、
ピボットテーブルにレポートフィルターを追加します。

　ピボットテーブル内の任意のセルを選択し、「ピボットテーブルのフィー
ルド」作業ウィンドウのフィールドセクションから、「支社名」を「フィル
ター」ボックスまでドラッグします（**図5-37**）。

図5-37　レポートフィルターを追加する

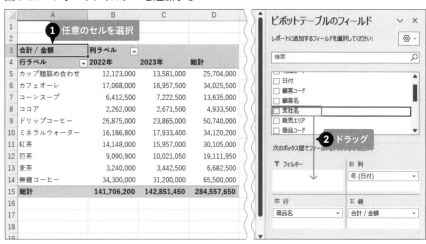

　作業ウィンドウの「フィルター」ボックスに「支社名」が表示され、シートの1行目に「支社名　（すべて）」と表示されます（**図5-38**）。これがレポートフィルターです。

図5-38　レポートフィルターが追加された

「新宿支社」で抽出する

B1セル右の▼をクリックすると、「支社名」フィールドに入力された支社名の一覧がリスト表示されます。ここから、「新宿支社」を選択して「OK」をクリックします（**図5-39**）。

図5-39　抽出したいアイテムを選択する

レポートフィルターが設定され、B1セルには「新宿支社」と表示されます。これで「支社名」フィールドが「新宿支社」であるレコードだけを対象にした集計結果が表示されました（**図5-40**）。

図5-40　指定したアイテムだけが抽出された

	A	B	C	D
1	支社名	新宿支社 ▼		
2				
3	合計 / 金額	列ラベル ▼		
4	行ラベル ▼	2022年	2023年	総計
5	カップ麺詰め合わせ	3,564,000	4,158,000	7,722,000
6	カフェオーレ	255,000	255,000	510,000
7	ココア	234,000	468,000	702,000
8	ミネラルウォーター	1,943,400	2,583,000	4,526,400
9	紅茶	6,723,000	7,155,000	13,878,000
10	煎茶	1,807,650	2,316,600	4,124,250
11	麦茶	27,000	27,000	54,000
12	総計	14,554,050	16,962,600	31,516,650

複数の支社で抽出する

レポートフィルターでは、複数の項目で抽出することもできます。「新宿支社」と「横浜支社」の売上データを同時に抽出してみましょう。

B1セル右の▼をクリックすると、支社名の一覧がリスト表示されます。初期状態では項目を1つしか選べませんが、「複数のアイテムを選択」にチェックを入れると、項目の先頭にチェックボックスが表示され、複数選択ができるようになります（図5-41）。

図5-41　複数のアイテムを選択できるようにする

「（すべて）」のチェックボックスをクリックしてオフにすると、すべての項目のチェックがオフになります。その後、「新宿支社」と「横浜支社」のチェックボックスをクリックしてオンにし、「OK」をクリックします（図5-42）。

図5-42 複数のアイテムを選択する

B1のセルに、「複数のアイテム」と表示されました。これで、ピボットテーブルの内容は、「支社名」フィールドが「新宿支社」あるいは「横浜支社」のどちらかであるレコードを対象に集計したものに変わります（**図5-43**）。

図5-43 指定した複数のアイテムの集計結果が表示された

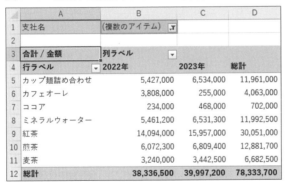

5 - 3 - 2 複数の条件を組み合わせてピボットテーブルを絞り込む

レポートフィルターには複数のフィールドを設定できます。複数フィールドを追加すると、それぞれのフィールドで抽出した内容をすべて満たすレコードだけを対象にして、ピボットテーブルで集計できます。

「新宿支社」の「お茶」の販売データを集計したい

レポートフィルターに複数のフィールドを設定すると、「顧客名」と「商品名」のように異なる軸でリストから該当するレコードを探し出し、両方の条件を満たす内容だけをピボットテーブルで集計することができます。

たとえば図5-44では、F列に「新宿支社」と入力され、なおかつJ列に「お茶」と入力されたレコードだけを、ピボットテーブルでの集計対象にできます。

図5-44　複数のフィールドを条件にして抽出する

	A	B	C	D	E	F	G	H	I	J	K	L	M
1	注文コード	明細コード	日付	顧客コード	顧客名	支社名	販売エリア	商品コード	商品名	分類	単価	数量	金額
2	1101	1	2022/1/7	101	深田出版	本社	東京都内	E1001	ミネラルウォーター	その他	820	120	98,400
3	1101	2	2022/1/7	101	深田出版	本社	東京都内	E1002	コーンスープ	その他	1,500	75	112,500
4	1102	3	2022/1/7	102	寺本システム	本社	東京都内	E1001	ミネラルウォーター	その他	820	150	123,000
5	1102	4	2022/1/7	102	寺本システム	本社	東京都内	E1003	カップ麺詰め合わせ	その他	1,800	150	270,000
6	1102	5	2022/1/7	102	寺本システム	本社	東京都内	C1003	無糖コーヒー	コーヒー	2,000	450	900,000
7	1103	6	2022/1/7	103	西山フーズ	新宿支社	東京都内	T1001	煎茶	お茶	1,170	60	70,200
8	1103	7	2022/1/7	103	西山フーズ	新宿支社	東京都内	T1003	紅茶	お茶	1,800	150	270,000
9	1104	8	2022/1/7	104	吉村不動産	新宿支社	東京都内	E1001	ミネラルウォーター	その他	820	90	73,800
10	1104	9	2022/1/7	104	吉村不動産	新宿支社	東京都内	E1003	カップ麺詰め合わせ	その他	1,800	75	135,000
11	1104	10	2022/1/7	104	吉村不動産	新宿支社	東京都内	E1004	ココア	その他	1,300	15	19,500
12	1105	11	2022/1/7	105	川越トラベル	さいたま支社	北関東	E1001	ミネラルウォーター	その他	820	90	73,800
13	1105	12	2022/1/7	105	川越トラベル	さいたま支社	北関東	E1004	ココア	その他	1,300	60	78,000
14	1106	13	2022/1/7	106	森本食品	さいたま支社	北関東	C1001	ドリップコーヒー				15,000
15	1106	14	2022/1/7	106	森本食品	さいたま支社	北関東	C1002	カフェオーレ				0,000
	1107	21	2/1/7		田出			E1001	ミネラル ウ	その他	820	120	,400
29	1111	28	2022/1/15	101	深田出版	本社	東京都内	E1002	コーンスープ	その他	1,500	60	90,000
30	1112	29	2022/1/15	102	寺本システム	本社	東京都内	E1001	ミネラルウォーター	その他	820	150	123,000
31	1112	30	2022/1/15	102	寺本システム	本社	東京都内	E1003	カップ麺詰め合わせ	その他	1,800	150	270,000
32	1112	31	2022/1/15	102	寺本システム	本社	東京都内	C1003	無糖コーヒー	コーヒー	2,000	450	900,000
33	1113	32	2022/1/15	103	西山フーズ	新宿支社	東京都内	T1001	煎茶	お茶	1,170	60	70,200
34	1113	33	2022/1/15	103	西山フーズ	新宿支社	東京都内	T1003	紅茶	お茶	1,800	165	297,000
35	1114	34	2022/1/15	104	吉村不動産	新宿支社	東京都内	E1001	ミネラルウォーター	その他	820	90	73,800
36	1114	35	2022/1/15	104	吉村不動産	新宿支社	東京都内	E1003	カップ麺詰め合わせ	その他	1,800	75	135,000
37	1115	36	2022/1/15	105	川越トラベル	さいたま支社	北関東	E1001	ミネラルウォーター	その他	820	90	73,800
38	1115	37	2022/1/15	105	川越トラベル	さいたま支社	北関東	E1004	ココア	その他	1,300	60	78,000

集計対象になるレコード

0
1
2
3
4
5
6
7
8

ピボットテーブル分析の基本

複数フィールドでのレポートフィルターを実行した結果、ピボットテーブルは図5-45のようになります。1行目には「支社名」フィールドでの抽出条件が、2行目には「分類」フィールドでの抽出条件が、それぞれ「新宿支社」（B1セル）、「お茶」（B2セル）と表示されます。B1セルの支社名やB2セルの分類名を変更すれば、表示されるピボットテーブルの集計値も変わります。5-3-1と同様に、それぞれに複数のアイテムを指定して抽出することも可能です。

図5-45　複数フィールドを条件にして抽出した例

	A	B	C	D
1	支社名	新宿支社 ▼		
2	分類	お茶 ▼		
3				
4	合計 / 金額	列ラベル ▼		
5	行ラベル ▼	2022年	2023年	総計
6	紅茶	6,723,000	7,155,000	13,878,000
7	煎茶	1,807,650	2,316,600	4,124,250
8	麦茶	27,000	27,000	54,000
9	総計	8,557,650	9,498,600	18,056,250

STEP 1　レポートフィルターに「分類」フィールドを追加する

5-3-1の結果、すでにレポートフィルターには「支社名」フィールドが設定されています。ここに「分類」フィールドを追加するには、ピボットテーブル内の任意のセルを選択し、「ピボットテーブルのフィールド」作業ウィンドウのフィールドセクションから、「分類」を「フィルター」ボックスの「支社名」の下までドラッグします（図5-46）。

図5-46　レポートフィルターにフィールドを追加する

　作業ウィンドウの「フィルター」ボックスに「分類」が表示され、シートの2行目に「分類　（すべて）」と表示されます（図5-47）。これでレポートフィルターを追加できました。

　なお、この後の操作のために、「支社名」フィールドのレポートフィルターで「新宿支社」を抽出条件に設定しておきます。

図5-47　レポートフィルターにフィールドが追加された

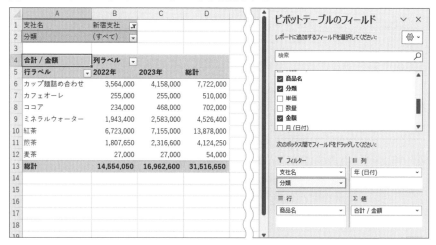

STEP 2 「お茶」で集計表をさらに抽出する

　B2セル右の▼をクリックすると、「分類」フィールドに入力された内容がリスト表示されます。ここから、「お茶」を選択して「OK」をクリックすると（図5-48）、「支社名」フィールドが「新宿支社」であり、なおかつ「分類」フィールドが「お茶」であるレコードを対象にした集計結果に変わります（図5-48）。

図5-48　抽出したいアイテムを選択する

✒COLUMN　レポートフィルターを左右に並べる

　レポートフィルターのフィールドは、初期設定では上下に配置されますが、これを左右に並べて配置することもできます。ピボットテーブル内のいずれかのセルで右クリックし、表示されるメニューから「ピボットテーブルオプション」を選択します。

　「ピボットテーブルオプション」ダイアログボックスが開いたら、「レイアウトと書式」タブを選択し、「レポートフィルターエリアでのフィールドの表示」で「左から右」を選択して「OK」をクリックすると、フィールド名が左右に並びます。

👆ONEPOINT

設定したすべてのフィルターを一括で解除するには、ピボットテーブル内の任意のセルをクリックし、「ピボットテーブル分析」タブの「アクション」→「ピボットテーブルのクリア」→「フィルターのクリア」を選択します。この結果、レポートフィルターだけでなく、ラベルフィルターも含めてピボットテーブルに設定されていたすべてのフィルターが解除されます。

5-3-3 シートを分けて集計表を表示する

レポートフィルターに設定したフィールドでは、それぞれのアイテムごとに抽出した集計表を別々のシートに表示できます。集計表を支社ごとにシートを分けて管理したい場合などに便利です。

販売エリア別にシートを分けて集計したい

　レポートフィルターを使うと、リストから集計に使う内容を絞り込んで、特定の支社や販売エリアの売上だけを集計したピボットテーブルを作成できます。ただし、異なる内容の集計結果を比較したい場合は、レポートフィルターの▼をクリックし、条件の抽出を何度も行う必要があります。

　こんなときは「レポートフィルターページ」を表示すると、レポートフィルターに設定したフィールドの各アイテムの集計表を、**自動で別々のシートに表示**できます。

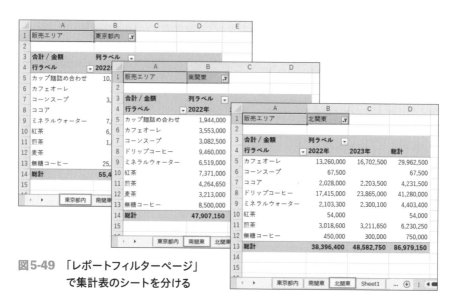

図5-49　「レポートフィルターページ」
　　　　　　で集計表のシートを分ける

188

図5-49は、レポートフィルターに「販売エリア」フィールドを配置したピボットテーブルで、レポートフィルターページを表示した例です。シート見出しには、抽出された販売エリアの名前が表示されるので、シートを切り替えるだけで販売エリアごとに集計結果の違いを確認できます。

レポートフィルターページを表示する

　レポートフィルターページを表示するには、ピボットテーブル内の任意のセルを選択し、「ピボットテーブル分析」タブの「ピボットテーブル」→「ピボットテーブルオプション」の右にある▼をクリックして、「レポートフィルターページの表示」を選択します（図5-50）。

　「レポートフィルターページの表示」ダイアログボックスが開き、レポートフィルターに設定したフィールドが表示されます。「販売エリア」を選択し、「OK」をクリックします（図5-51）。

　「販売エリア」フィールドのアイテムと同じ「東京都内」、「南関東」、「北関東」という名前のシートが自動的に追加されます。このシートには、図5-49のように、それぞれの販売エリアで抽出した結果のピボットテーブルが表示されます。

図5-50 「レポートフィルターページの表示」ダイアログボックスを開く

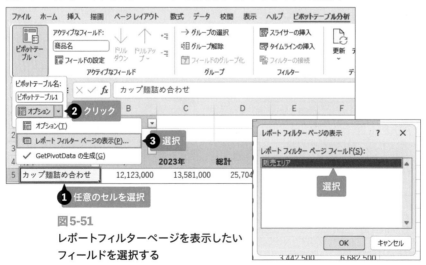

図5-51
レポートフィルターページを表示したい
フィールドを選択する

5-4-1 日付を年、四半期、月単位でグループ化する

売上日や注文日など日付のフィールドは、「年」、「四半期」、「月」といった単位でグループ化して、年や四半期ごとにまとめて集計内容を比較するのが一般的です。日付フィールドをグループ化する操作について理解しましょう。

日付は「年」、「四半期」、「月」の3階層になる

複数年のデータが並んでいる日付のフィールドをピボットテーブルの行ラベルや列ラベルに追加すると、図5-52のように、自動的に「年」、「四半期」、「月」の3つの単位でグループ化された階層構造になります。売上データなどは、年や四半期といった一定期間で区切って集計することが多いため、この仕組みにより、個別の日付をグループ化する手間を省くことができます。

ただし、操作の内容によっては、自動的にグループ化が行われない場合や、日付のグループ化が勝手に解除されて個別の日付が並んでしまうこともあります。手動でグループ化する方法も知っておきましょう（図5-57、図5-58を参照）。

図5-52　日付フィールドを追加すると自動的に階層構造になる

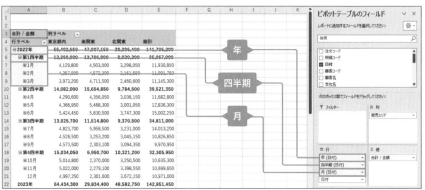

日付のフィールドを行ラベルに追加する

図5-53のピボットテーブルの行ラベルに「日付」フィールドを追加して、年、四半期、月単位での売上金額の内訳を求めましょう。

ピボットテーブル内の任意のセルを選択し、「ピボットテーブルのフィールド」作業ウィンドウのフィールドセクションから、「日付」を「行」ボックスまでドラッグします。

図5-53 「日付」フィールドを「行」ボックスに追加する

「行」ボックスには、個別の「日付」フィールドだけでなく「年」、「四半期」、「月」という3つのフィールドが追加されます。ただし、ピボットテーブルの行ラベルには、年だけが表示され、金額の内訳も年単位の数値だけが表示されます（**図5-54**）。

ONE POINT

リストに入力された日付フィールドのデータが1年未満の場合は、フィールドを追加すると月単位でのグループ化だけが行われます。

図5-54　自動的に3つのフィールドが追加される

CAUTION

191ページの操作で追加される日付の階層は、Excelのバージョンにより異なります。Microsoft365では、**図5-52**のように「年」、「四半期」、「月」の後ろに元になる日付のフィールド名が（）で囲んで表示され、それとは別に個別の日付フィールドの計4階層が追加されます。一方、Excel2021や2019では、年、四半期、月単位の3階層のボタンが追加され、月単位でのグループ化を表すボタンにはフィールド名だけが表示されます（2023年5月現在）。

四半期や月を表示する

　リストに複数年の日付データが格納されている場合、日付フィールドを追加した直後は、「年」単位の集計値だけが行ラベルや列ラベルに表示されます。このとき、下位の階層にある「四半期」や「月」の内容は折りたたまれている状態です。

　「四半期」や「月」を表示するには、いずれかの年のセル（ここではA5セル）を選択し、「ピボットテーブル分析」タブの「フィールドの展開」をクリックします（**図5-55**）。

図5-55 「フィールドの展開」で四半期や月を表示する

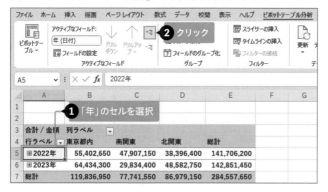

「フィールドの展開」ボタンを1回クリックするたびに、「年」、「四半期」、「月」の順に1階層ずつ集計結果が表示されます（**図5-56**）。

図5-56 「年」、「四半期」、「月」が表示された

	A	B	C	D	E
1					
2					
3	合計 / 金額	列ラベル			
4	行ラベル	東京都内	南関東	北関東	総計
5	⊟2022年	55,402,650	47,907,150	38,396,400	141,706,200
6	⊟第1四半期	12,360,900	13,786,800	8,920,200	35,067,900
7	1月	4,129,800	4,503,000	3,298,050	11,930,850
8	2月	4,257,900	4,572,300	3,161,550	11,991,750
9	3月	3,973,200	4,711,500	2,460,600	11,145,300
10	⊟第2四半期	14,082,000	15,654,850	9,784,500	39,521,350

ONE POINT

展開した下位の階層を再び折りたたまれた状態にするには、行ラベルの年、四半期、月のいずれかのセルを選択し、「ピボットテーブル分析」タブの「フィールドの折りたたみ」を選択します。

ONE POINT

年、四半期、月といったグループ化を解除して個別の日付が並ぶ状態にするには、行ラベルの年、四半期、月のいずれかのセルを選択し、「ピボットテーブル分析」タブの「グループ解除」を選択します。

日付のグループ化を手動で設定する

日付のグループ化はいつも自動で行われるとは限りません。手動でグループ化する手順も知っておきましょう。

日付のグループ化を手動で設定するには、行ラベルや列ラベルの日付データのセルを選択し、「ピボットテーブル分析」タブの「グループの選択」をクリックします（図5-57）。

「グループ化」ダイアログボックスが開くので、「単位」の一覧から、表示させたいグループ化の単位をクリックして選択します（再度クリックすると選択解除になります）。図5-58のように「月」、「四半期」、「年」が選択された状態で「OK」をクリックすると、図5-52のようにグループ化された日付データが表示されます。

図5-57 「グループ化」ダイアログボックスを開く

図5-58 グループ化の単位を選ぶ

CAUTION

「単位」の一覧で「年」を選択せずに、「四半期」や「月」を選択した場合、異なる年の日付データであっても同じ月や四半期に集計値が合算されてしまいます。したがって、複数年のデータを集計する場合は、必ず「年」も選択し、ピボットテーブルの行ラベルや列ラベルに表示する必要があります。

5-4-2 日数を指定してグループ化する

日付のフィールドは、一定の日数ずつグループ化することもできます。開始日から7日ずつ区切って売上金額の合計や平均を求め、傾向を見たい場合などに役立ちます。

日付を日数でグループ化したい

図5-59のピボットテーブルでは、7日ずつグループ化した日付を行ラベルに表示して、販売エリアごとの売上金額を集計しています。売上や注文といった一連のデータを、指定した日数単位で集計し、分析したい場合などに便利です。

図5-59　日付を7日ごとにグループ化した例

	A	B	C	D	E	F
1						
2						
3	合計 / 金額	列ラベル				
4	行ラベル	東京都内	南関東	北関東	総計	
5	2022/1/1 - 2022/1/7	2,072,400	2,338,000	1,740,900	6,151,300	
6	2022/1/15 - 2022/1/21	2,057,400	2,165,000	1,557,150	5,779,550	
7	2022/1/29 - 2022/2/4	2,124,000	2,384,800	1,644,900	6,153,700	
8	2022/2/12 - 2022/2/18	2,133,900	2,187,500	1,516,650	5,838,050	
9	2022/2/26 - 2022/3/4	1,890,900	2,299,500	1,466,700	5,657,100	
10	2022/3/12 - 2022/3/18	2,082,300	2,412,000	993,900	5,488,200	
11	2022/3/26 - 2022/4/1	2,264,700	2,093,000	1,569,450	5,927,150	
12	2022/4/9 - 2022/4/15	2,025,900	2,263,050	1,466,700	5,755,650	
13	2022/4/30 - 2022/5/6	2,112,450	2,404,300	1,410,150	5,926,900	

日付を7日ずつグループ化する

図5-60のピボットテーブルでは、行ラベルに「日付」フィールドを追加して、すでに年、四半期、月単位でグループ化しています。この日付のグループ化を「2022年1月1日を開始日として、7日ずつグループ化する」という内容に変更しましょう。

行ラベルの日付データのセルを選択し、「ピボットテーブル分析」タブの「グループの選択」をクリックします。

図5-60 「グループ化」ダイアログボックスを開く

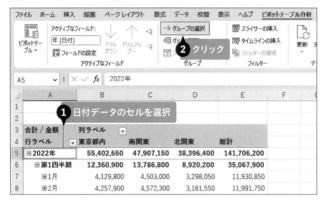

「グループ化」ダイアログボックスが開きます。「単位」の一覧に「月」、「四半期」、「年」が選択されているので、これらをクリックして選択を解除します。次に、「日」をクリックして選択し、「開始日」の日付を「2022/1/1」に変更します。「最終日」は既定値のままでかまいません。「日数」に「7」と入力し、「OK」をクリックすると（図5-61）、図5-59のように変更されます。

図5-61 日数を指定してグループ化する

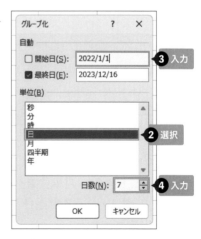

5 - 4 - 3 一定の件数ずつまとめてグループ化する

連続番号になった数値データは「1〜100」、「101〜200」のようにグループ化することができます。注文番号、受付番号などを先頭から一定数ずつまとめて、その中でデータを集計したい場合に便利です。

注文を100件ごとにグループ化して集計したい

　図5-62のピボットテーブルでは、列ラベルに指定した注文番号を100件ずつまとめて表示しています。また、行ラベルには商品名を表示して、販売数を合計しています。これにより、注文データ100件ごとに各商品の売上数を集計し、比較することができます。大量の注文や受付データを先頭から100件、1000件といった単位でまとめて数値を集計し、傾向を把握したいときなどに役立ちます。

図5-62 件数でグループ化する

	A	B	C	D	E	F	G
1							
2							
3	合計 / 数量	列ラベル					
4	行ラベル	1101-1200	1201-1300	1301-1400	1401-1500	1501-1600	総計
5	カップ麺詰め合わせ	2,865	2,685	2,850	3,330	2,550	14,280
6	カフェオーレ	3,300	5,090	3,600	3,975	4,050	20,015
7	コーンスープ	1,740	1,755	1,830	1,935	1,830	9,090
8	ココア	690	690	825	840	750	3,795
9	ドリップコーヒー	6,350	4,725	3,825	4,500	4,200	23,600
10	ミネラルウォーター	7,590	8,730	8,700	8,985	7,605	41,610
11	紅茶	3,030	3,480	3,555	3,615	3,045	16,725
12	煎茶	3,210	3,210	3,315	3,615	2,985	16,335
13	麦茶	1,530	1,440	1,590	1,560	1,305	7,425
14	無糖コーヒー	7,425	7,400	5,925	5,925	6,075	32,750
15	総計	37,730	39,205	36,015	38,280	34,395	185,625

「注文コード」を100件ずつグループ化する

図5-63のピボットテーブルでは、行ラベルに「商品名」フィールドを、列ラベルに「注文コード」を、「値」に「数量」フィールドをそれぞれ配置して、商品別、注文コード別に販売数を合計しています。列ラベルの「注文コード」は1101からの連番になっています。これを100ずつグループ化して、各商品の販売数の傾向がわかるようにします。

列ラベルの注文コードのセル（ここではB4セル）を選択し、「ピボットテーブル分析」タブの「グループの選択」をクリックします。

図5-63　「グループ化」ダイアログボックスを開く

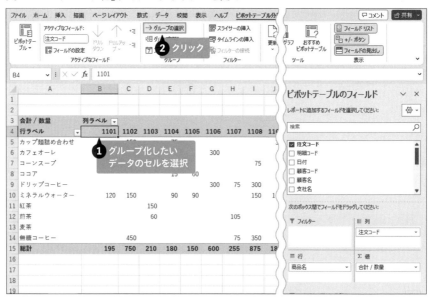

「グループ化」ダイアログボックスが開きます。「先頭の値」に「1101」と表示されていることを確認して、「単位」に「100」と入力し、「OK」をクリックします（図5-64）。これで図5-62のように変更されます。

図5-64　グループ化する件数を設定する

5 - 4 - 4 独自の分類名を付けて グループ化する

選択した商品や顧客などを、フィールドにはない分類で自由にグループ化できます。「キャンペーン対象商品」のような一時的なグループを作り、売上の集計を試算したい場合などに便利です。

独自の分類で商品名をグループ化したい

商品名のフィールドは、「お茶」、「コーヒー」のような分類のフィールドを上位に持つことが一般的です。この「分類」フィールドとは別の基準でグループ分けをしたい場合は「グループ化」を使いましょう。キャンペーン対象の商品かどうかといった一時的な分類で商品を集計したい場合に役立ちます。

図5-65のピボットテーブルでは、通年販売しているかどうかで商品を2つのグループに分け、金額を合計しています。グループには「通年販売商品」、「季節限定商品」のような任意のグループ名を付けることが可能です。グループに選ぶ商品は自由に選択できるので、通常の「分類」とは別のくくりで商品のデータを集計できます。

図5-65　独自のルールでグループ化する

	A	B	C
1			
2			
3	行ラベル ▼	合計 / 金額	
4	⊟ 通年販売商品	233,602,650	
5	カフェオーレ	34,025,500	
6	ドリップコーヒー	50,740,000	
7	ミネラルウォーター	34,120,200	
8	紅茶	30,105,000	
9	煎茶	19,111,950	
10	無糖コーヒー	65,500,000	
11	⊟ 季節限定商品	50,955,000	
12	カップ麺詰め合わせ	25,704,000	
13	コーンスープ	13,635,000	
14	ココア	4,933,500	
15	麦茶	6,682,500	
16	総計	284,557,650	
17			

「通年販売商品」、「季節限定商品」というグループを作る

図5-66のピボットテーブルで、商品名を「通年販売商品」「季節限定商品」という2つのグループに分けて、金額を合計します。

まず、「季節限定商品」グループに含めたい商品名のセルを選択し、「ピボットテーブル分析」タブの「グループの選択」をクリックします。

ONEPOINT

離れたセルにある項目を選択するには、Ctrlキーを押しながらセルを順番にクリックします。

図5-66 項目を選択してグループを作成する

これで、選択したセルをまとめたグループが作成されます（図5-67）。作成された時点では「グループ1」のようなグループ名になっているので、セルを選択し、キーボードで名称を入力しましょう（ここでは、A4セルに「季節限定商品」と入力）。

図 5-67　グループ名を入力する

同様に残りの商品名のセルを選択して、「ピボットテーブル分析」タブの「グループの選択」をクリックします（図5-68）。

図 5-68　項目を選択して 2 つ目のグループを作成する

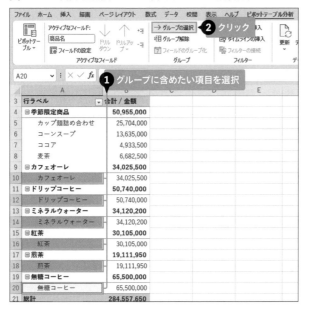

残りの商品名のセルをまとめたグループが作成され、A9 セルに「グループ2」と表示されます（図5-69）。同様にグループ名を「通年販売商品」に変更しておきましょう。

図5-69　2つ目のグループが作成された

グループを並べ替える

　グループ化した商品名を並べ替えたいときもあるでしょう。ここでは、先ほど作成したグループの順番を逆にして、「通年販売商品」、「季節限定商品」の順に並べ替えてみます。

　移動したいフィールドのセル（ここではA9セル）を選択し、セルの枠線上にマウスポインターを合わせてA4セルの上までドラッグします（図5-70）。これで、「通年販売商品」グループに含まれる商品名も一緒に上に移動するため、図5-65のようになります。

図5-70　グループを並べ替える

5 - 5 - 1 項目見出しをすべての ページに印刷する

複数ページにわたるピボットテーブルを印刷すると、2ページ目以降には項目見出しが表示されないため、内容がわかりづらくなります。項目見出しをすべてのページに印刷する方法を知っておきましょう。

2ページ目以降にも項目見出しを印刷したい

印刷したときに1ページに収まらない大きなピボットテーブルでは、項目見出しは最初のページだけに印刷されます。したがって、図5-71のBeforeのように、2ページ目以降には項目見出しが表示されなくなってしまいます。これでは、どの列が何を指すのかがわかりません。

図5-71 2ページ目以降に項目見出しを表示する

Before

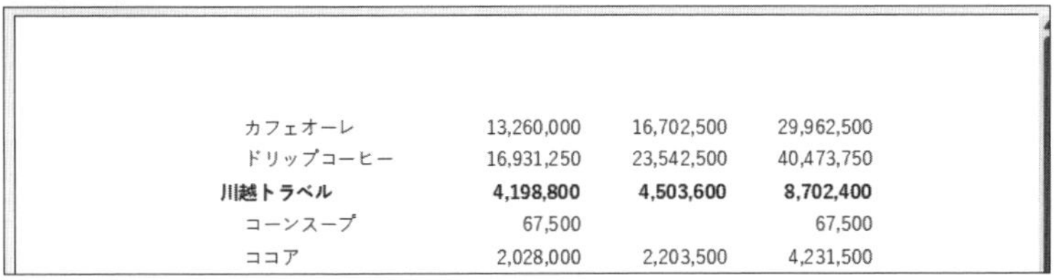

カフェオーレ	13,260,000	16,702,500	29,962,500
ドリップコーヒー	16,931,250	23,542,500	40,473,750
川越トラベル	**4,198,800**	**4,503,600**	**8,702,400**
コーンスープ	67,500		67,500
ココア	2,028,000	2,203,500	4,231,500

After

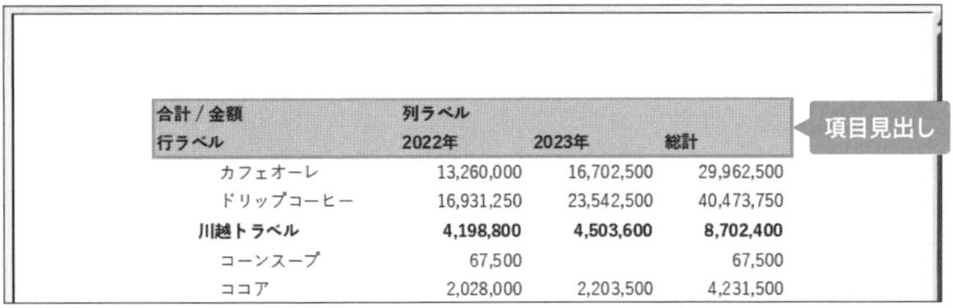

合計 / 金額	列ラベル		
行ラベル	2022年	2023年	総計
カフェオーレ	13,260,000	16,702,500	29,962,500
ドリップコーヒー	16,931,250	23,542,500	40,473,750
川越トラベル	**4,198,800**	**4,503,600**	**8,702,400**
コーンスープ	67,500		67,500
ココア	2,028,000	2,203,500	4,231,500

項目見出し

そこで、2ページ目以降にもAfterの図のように項目見出しを繰り返し印刷するように設定しましょう。これは「**印刷タイトル**」という機能を使います。

「印刷タイトル」を設定する

　ピボットテーブル内のいずれかのセルで右クリックし、表示されるメニューから「ピボットテーブルオプション」を選択します。

　「ピボットテーブルオプション」ダイアログボックスが開いたら、「印刷」タブを選択し、「印刷タイトルを設定する」にチェックを入れて、「OK」をクリックします（**図5-72**）。

　これで、**図5-71**のAfterのように、2ページ目以降にも項目見出しが印刷されるようになります。

図5-72　2ページ目以降に項目見出しが印刷されるよう設定する

5 - 5 - 2　項目が変わる位置で改ページする

ピボットテーブルを印刷する際、キリのよいところで改ページすると内容の把握がしやすくなります。行ラベル上位階層にあるフィールドが変わる位置に改ページを入れる方法を知っておきましょう。

「販売エリア」が変わったら改ページしたい

　初期状態のまま印刷したピボットテーブルでは、**図5-73**のように、内容的に中途半端なところで改ページされてしまうことがあります。この例では、「販売エリア」フィールドが「北関東」であるデータの途中で改ページされ、集計内容が2ページに分断されてしまっています。

図5-73　途中で改ページされている例

Before　＜1ページ目＞

カフェオーレ	3,555,000		3,555,000
ミネラルウォーター	3,517,800	3,948,300	7,466,100
辻本飲料販売	**14,848,650**	**16,710,300**	**31,558,950**
紅茶	7,371,000	8,802,000	16,173,000
煎茶	4,264,650	4,492,800	8,757,450
麦茶	3,213,000	3,415,500	6,628,500
北関東	**38,396,400**	**48,582,750**	**86,979,150**
森本食品	**30,191,250**	**40,245,000**	**70,436,250**

「北関東」の内容の途中で改ページされている

＜2ページ目＞

合計／金額	列ラベル		
行ラベル	2022年	2023年	総計
カフェオーレ	13,260,000	16,702,500	29,962,500
ドリップコーヒー	16,931,250	23,542,500	40,473,750
川越トラベル	**4,198,800**	**4,503,600**	**8,702,400**
コーンスープ	67,500		67,500

ピボットテーブルの結果を販売エリアごとに確認するには、これでは不便です。

　ピボットテーブルでは、行ラベルの上位の階層にあるフィールドを選んで、そのアイテムごとに改ページを挿入する設定があります。この場合は、「販売エリア」フィールドの値が変わるところで自動的に改ページされるように設定すれば、図5-74のように、「東京都内」、「南関東」、「北関東」というそれぞれの販売エリアごとに売上状況を比較しやすくなります。

図5-74　区切りのよいところで改ページする

合計 / 金額	列ラベル		
行ラベル	2022年	2023年	総計
東京都内	55,402,650	64,434,300	119,836,950
吉村不動産	5,741,400	7,209,000	12,950,400
カップ麺詰め合わせ	3,564,000	4,158,000	7,722,000
ココア	234,000	468,000	702,000
ミネラルウォーター	1,943,400	2,583,000	4,526,400

合計 / 金額	列ラベル		
行ラベル	2022年	2023年	総計
南関東	47,907,150	29,834,400	77,741,550
デザインアルテ	24,124,700	6,799,800	30,924,500
カップ麺詰め合わせ	81,000		81,000
コーンスープ	3,082,500	3,712,500	6,795,000
ドリップコーヒー	9,460,000		9,460,000

販売エリアが
変わる位置で
改ページする

合計 / 金額	列ラベル		
行ラベル	2022年	2023年	総計
北関東	38,396,400	48,582,750	86,979,150
森本食品	30,191,250	40,245,000	70,436,250
カフェオーレ	13,260,000	16,702,500	29,962,500
ドリップコーヒー	16,931,250	23,542,500	40,473,750

　ピボットテーブル内の改ページの基準にしたいフィールドのいずれかのセル（ここでは「販売エリア」なのでA5セル）で右クリックし、表示されるメニューから「フィールドの設定」を選択します（**図5-75**）。

図5-75　「フィールドの設定」ダイアログボックスを開く

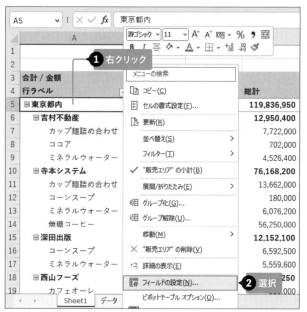

　「販売エリア」フィールドの「フィールドの設定」ダイアログボックスが開きます。「レイアウトと印刷」タブを選択し、「アイテムの後ろに改ページを入れる」にチェックを入れて、「OK」をクリックします（**図5-76**）。これで**図5-74**のように販売エリアが変わる位置で改ページされるようになります。

図5-76 アイテムの後ろで改ページされるようにする

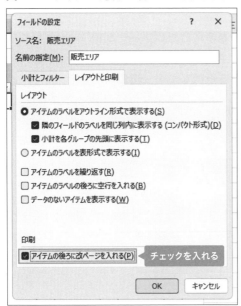

第-6-章

分析に役立つ視覚化テクニック

6-1-1 ピボットグラフとは

分析した結果を視覚的に見せたいときには、ピボットテーブルから「ピボットグラフ」を作成します。ピボットテーブルで作成した集計表をグラフ化すると、数値の違いが一目でわかります。

ピボットグラフで集計内容をグラフ化する

ピボットグラフとは、ピボットテーブルの集計内容をそのままグラフにしたもので、ピボットテーブルをもとに瞬時に作成できます。

図6-1では、ピボットテーブルの行ラベルに「分類」フィールドと、「日付」の「年」フィールドを配置して、それぞれの商品分類を年ごとに分けて売上金額を合計しています。さらに列ラベルには「販売エリア」フィールドを配置して、売上の内訳を販売エリアごとに表示しています。

このピボットテーブルをもとに作成したピボットグラフでは、横軸に「分類」フィールドと「年」フィールドが階層構造で表示され、凡例には「販売エリア」フィールドが表示されます。フィルターエリアの「支社名」フィールドは、ピボットグラフでも同様にフィルターとして表示されます。

集計結果は積み上げ縦棒グラフで表され、2022年、2023年のどちらの年においてもコーヒーの売上金額が他の分類より圧倒的に大きいことと、それぞれの年の内訳が販売エリア間でどのように異なるかが一目瞭然になります。

図6-1 ピボットテーブルからピボットグラフを作成する

ピボットテーブル

	A	B	C	D	E	F
1	支社名	(すべて)				
2						
3	合計 / 金額	列ラベル				
4	行ラベル	東京都内	南関東	北関東	総計	
5	⊟お茶	18,056,250	31,558,950	6,284,250	55,899,450	
6	2022年	8,557,650	14,848,650	3,072,600	26,478,900	
7	2023年	9,498,600	16,710,300	3,211,650	29,420,550	
8	⊟コーヒー	56,760,000	21,513,000	71,992,500	150,265,500	
9	2022年	25,605,000	21,513,000	31,125,000	78,243,000	
10	2023年	31,155,000		40,867,500	72,022,500	
11	⊟その他	45,020,700	24,669,600	8,702,400	78,392,700	
12	2022年	21,240,000	11,545,500	4,198,800	36,984,300	
13	2023年	23,780,700	13,124,100	4,503,600	41,408,400	
14	総計	119,836,950	77,741,550	86,979,150	284,557,650	
15						

ピボットグラフ

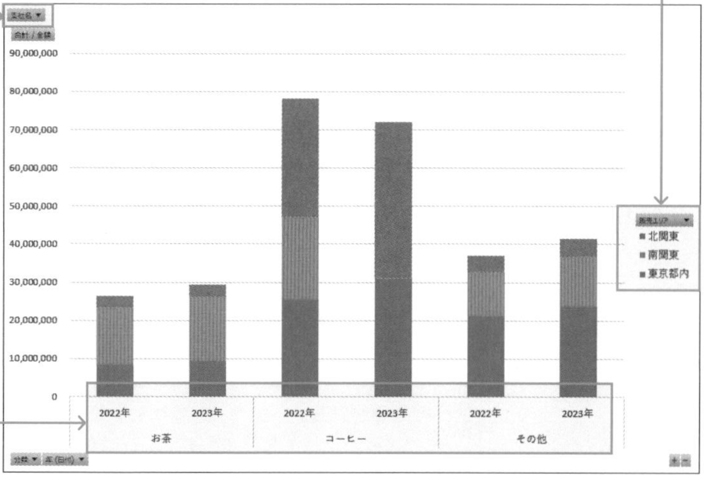

ピボットグラフの要素の名称

ピボットグラフの各部の名称と役割は、**図6-2**のようになります。各部の設定の方法については、表内「参照先」に記載した項目で紹介しています。

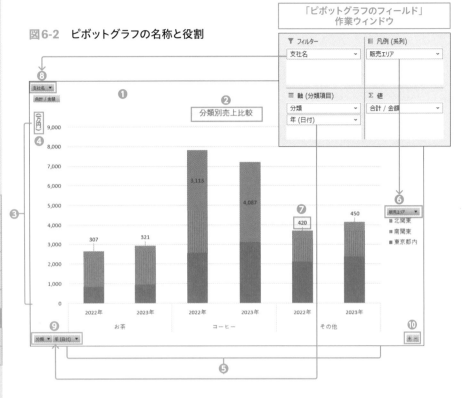

図6-2　ピボットグラフの名称と役割

名称	説明	参照先
❶グラフエリア	グラフ全体の領域	⇨6-1-2
❷グラフタイトル	グラフのタイトル	⇨6-1-2
❸縦軸	数値の目盛りが表示される	⇨6-1-2
❹軸ラベル	横軸、縦軸の内容を表すテキスト。主に縦軸に数値の単位などを表示する際に使う	⇨6-1-2
❺横軸	項目見出しが表示される。作業ウィンドウの「軸 (分類項目)」ボックスに指定したフィールドの内容が表示される	⇨6-1-3
❻凡例	系列の内容を説明する領域。作業ウィンドウの「凡例 (系列)」ボックスに指定したフィールドの内容が表示される	⇨6-1-3
❼データラベル	系列や要素の内容を表すテキスト。数値やパーセンテージなどを表示する際に使う	⇨6-1-7
❽フィルター	作業ウィンドウの「フィルター」ボックスの内容が表示され、グラフに表示する内容を抽出できる	⇨6-1-3
❾フィールドボタン	配置されたフィールド名を表すボタン。クリックするとそのフィールドの項目で抽出できる	⇨6-1-4
❿ドリルダウンボタン	階層構造になったフィールドの階層の表示を切り替えるボタン	⇨6-1-5

ピボットテーブルとリンクしている

ピボットグラフでもピボットテーブルと同様に、**横軸や凡例、フィルター などに表示するフィールドをドラッグ操作で変更できます。**その際、元のピボットテーブルとリンクしているため、ピボットグラフのレイアウトを変更すると、ピボットテーブルも連動してレイアウトが変わります。

♦ COLUMN 同じピボットテーブルから複数のグラフを作る

同じピボットテーブルから別のグラフを新たに作成したい場合は、ピボットテーブルのシートをコピーして、まずピボットテーブルの複製を作ります。その後、コピーされたピボットテーブルをもとに2つ目のピボットグラフを作成します。これで複数のピボットグラフで同じピボットテーブルを共有しなくなるため、レイアウトを別々に管理できます。

参照➡ **6-1-2** 商品別の売上状況をピボットグラフで表す

♦ ONEPOINT

ピボットグラフで作成できるグラフの種類は、**図6-3**の通りです。グラフの種類を選ぶ際は、目的に応じた種類を選びましょう。なお、後から種類を変更することも可能です。

参照➡ **6-1-6** グラフの種類を変更する

図6-3　ピボットグラフで作成できるグラフの種類

目的	グラフの種類
数値の大小を比較する	集合縦棒、集合横棒
個別の数値と全体の数値の大小を比較する	積み上げ縦棒、積み上げ横棒
内訳を表す	円、100%積み上げ縦棒、100%積み上げ横棒、ドーナツ
時間の経過による変化を表す	折れ線、面
項目間の比較、バランスを表す	レーダー

※散布図、バブルチャート、株価チャート、塗り分けマップ、ツリーマップ、サンバースト、ヒストグラム、箱ひげ図、ウォーターフォールチャート、じょうごは作成できません。

6 - 1 - 2 商品別の売上状況を ピボットグラフで表す

ピボットテーブルがあれば、グラフの種類を選択し、細部を設定するだけでピボットグラフを作成できます。ここでは、ピボットグラフを作成する基本手順を紹介します。

ピボットテーブルからピボットグラフを作成したい

ピボットグラフは、既存のピボットテーブルをもとに作成します。

図6-4のピボットテーブルから作成したピボットグラフが図6-5です。横軸に「商品名」フィールドの項目が表示され、凡例には「販売エリア」フィールドの内容が表示されています。

図6-4 ピボットグラフの元となるピボットテーブル

	A	B	C	D	E	F
1						
2						
3	合計 / 金額	列ラベル ▼				
4	行ラベル ▼	東京都内	南関東	北関東	総計	
5	カップ麺詰め合わせ	21,384,000	4,320,000		25,704,000	
6	カフェオーレ	510,000	3,553,000	29,962,500	34,025,500	
7	コーンスープ	6,772,500	6,795,000	67,500	13,635,000	
8	ココア	702,000		4,231,500	4,933,500	
9	ドリップコーヒー		9,460,000	41,280,000	50,740,000	
10	ミネラルウォーター	16,162,200	13,554,600	4,403,400	34,120,200	
11	紅茶	13,878,000	16,173,000	54,000	30,105,000	
12	煎茶	4,124,250	8,757,450	6,230,250	19,111,950	
13	麦茶	54,000	6,628,500		6,682,500	
14	無糖コーヒー	56,250,000	8,500,000	750,000	65,500,000	
15	総計	119,836,950	77,741,550	86,979,150	284,557,650	
16						

図6-5　図6-4のピボットテーブルから作成したピボットグラフ

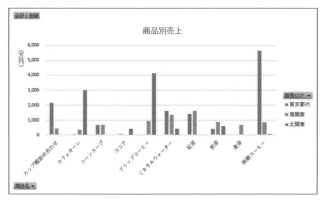

ピボットグラフを作成する

　ピボットグラフを作成するには、グラフ化したいピボットテーブル内の任意のセルを選択し、「ピボットテーブル分析」タブの「ピボットグラフ」をクリックします（**図6-6**）。

図6-6　「グラフの挿入」ダイアログボックスを開く

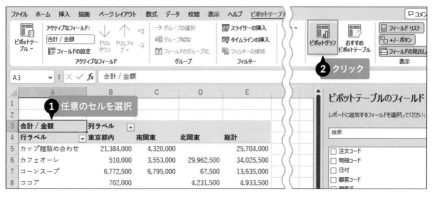

　「グラフの挿入」ダイアログボックスが開いたら、グラフの種類を選択します。ここでは、集合縦棒グラフを作成するので、まず左の一覧から「縦棒」を選択し、次に右の欄のグラフのアイコンから「集合縦棒」を選択して「OK」ボタンをクリックします（**図6-7**）。

図6-7　グラフの種類を選択する

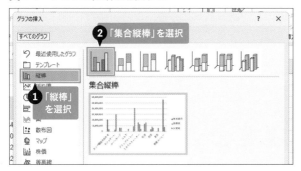

集合縦棒のピボットグラフがウィンドウ中央に表示されます。ピボットグラフを邪魔にならない位置に移動するには、グラフエリア（**図6-2**参照）をポイントし、ピボットテーブルの下までドラッグします（**図6-8**）。

図6-8　ピボットグラフが表示された

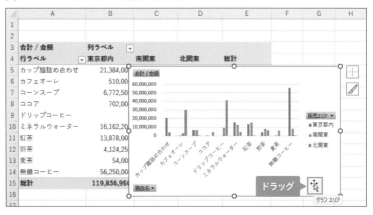

COLUMN　リストからピボットグラフを作成する

　リストからピボットグラフを直接作成するには、リスト内の任意のセルをクリックし、「挿入」タブの「ピボットグラフ」を選択します。表示される「ピボットグラフの作成」ダイアログボックスで、ピボットグラフの配置先に「新規ワークシート」を選び、「OK」をクリックします。

　続けて「ピボットグラフのフィールド」作業ウィンドウで、ピボットテーブルと同様にフィールドを各エリアのボックスにドラッグすれば、ピボットグラフが完成します。なお、このとき同じ内容のピボットテーブルが同時に作成されます。

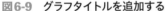

グラフタイトルを追加する

　グラフタイトルを追加するには、グラフエリアをクリックし、右上に表示
された「グラフ要素」ボタンをクリックします。表示された一覧から「グラ
フタイトル」右の〉をクリックして「グラフの上」をクリックすると、グラ
フの上部にグラフタイトルの領域が表示されます。次に「グラフタイトル」
と表示された枠の中をクリックして、タイトルを編集（ここでは「商品別売
上」と入力）します（**図6-9**）。

図6-9　グラフタイトルを追加する

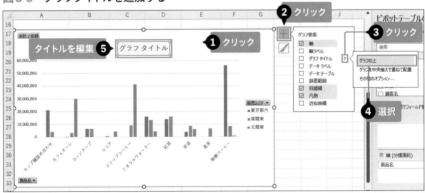

縦軸の目盛りの単位を変更する

縦軸に表示された目盛りの桁が大きくて見づらい場合は、**1万や千単位での省略表示**にするとすっきりして見やすくなります。

縦軸を選択し、「書式」タブの「選択対象の書式設定」をクリックすると、「軸の書式設定」作業ウィンドウが表示されます。「軸のオプション」の「表示単位」から「万」を選択します（図6-10）。これで「1,000,000」なら「100」のように1万単位で表示されます。

図6-10　縦軸の目盛りの単位を変更する

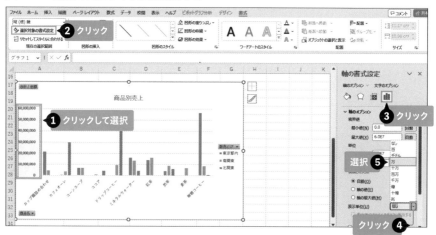

続けて、縦軸に表示された「万」というラベルを縦書きにし、さらに「（万円）」に変更します。

ラベルを選択し、「書式」タブの「選択対象の書式設定」をクリックすると、「表示単位ラベルの書式設定」作業ウィンドウが表示されます。「ラベルオプション」の「文字列の方向」で「縦書き」を選択します（図6-11）。

図6-11 縦軸のラベルを縦書きにする

　続けて、縦書きで表示されたラベルの中でクリックし、内容を「(万円)」
に編集すると、**図6-5**のようなピボットグラフが完成します。

図6-12 軸ラベルを追加する

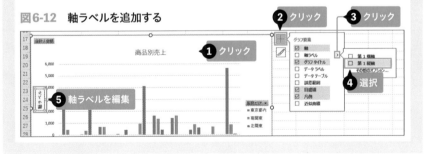

6-1-3 ピボットグラフのレイアウトを変更して分析の視点を変える

ピボットグラフの長所は、ピボットテーブルのように作成後にレイアウトを自在に変更できることです。横軸と凡例の項目を入れ替えたり、横軸に表示するフィールドを変更したりして、さまざまな視点からデータを視覚的に分析できます。

横軸や凡例のフィールドを変更したい

　ピボットグラフは、ピボットテーブルと同様にドラッグ操作でレイアウトを簡単に変更できます。グラフのレイアウトを変更すると、**切り口を変えてデータを視覚的に分析する**ことができます。

　図6-13のBeforeのピボットグラフでは、横軸に「商品名」フィールドを、凡例に「販売エリア」フィールドを表示して、各商品の売上金額を販売エリア別に棒グラフにしています。このグラフのレイアウトをAfterのように変更してみましょう。

　横軸には「販売エリア」と「支社名」フィールドを階層構造で配置して、凡例に「商品名」フィールドを表示します。また、フィルターに「日付」フィールドの「年」を設定して、2022年で抽出してみます。このように変更したピボットグラフでは、2022年の販売データを対象にして、販売エリア・支社別に各商品の売上金額を確認できます。

図6-13　ピボットグラフのレイアウトを変更する

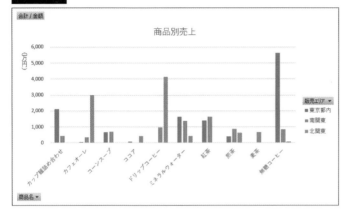

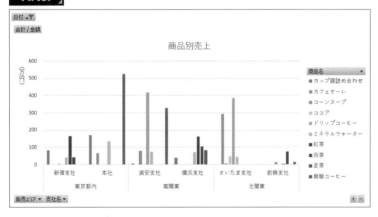

横軸と系列を入れ替える

　まず、横軸の「商品名」フィールドと凡例（系列）の「販売エリア」フィールドを入れ替えます。グラフエリアをクリックし、「デザイン」タブの「行/列の切り替え」をクリックします（図6-14）。

図6-14 横軸と凡例（系列）を入れ替える

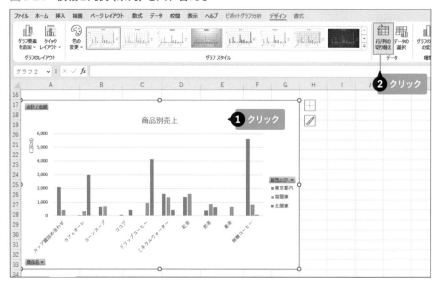

横軸と凡例が入れ替わり、横軸には「販売エリア」フィールドが、凡例には「商品名」フィールドがそれぞれ表示されました（**図6-15**）。

図6-15 横軸と凡例が入れ替わり、グラフが書き換えられた

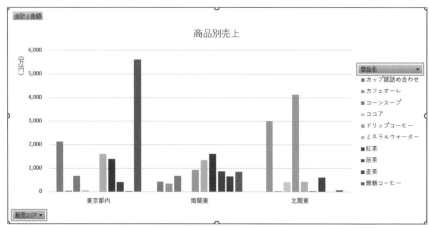

横軸に「支社名」フィールドを追加する

ピボットグラフでは、**横軸に複数のフィールドを配置して、項目を階層構造にすることができます。** 横軸に表示されている「販売エリア」フィールドの下の階層に「支社名」フィールドを追加しましょう。

グラフエリアをクリックし、「ピボットグラフ分析」タブの「フィールドリスト」をクリックして、「ピボットグラフのフィールド」作業ウィンドウを表示します。「ピボットグラフのフィールド」作業ウィンドウのフィールドセクションから、「支社名」を「軸（分類項目）」ボックスにある「販売エリア」の下までドラッグします（**図6-16**）。

図6-16　横軸の項目を階層構造にする

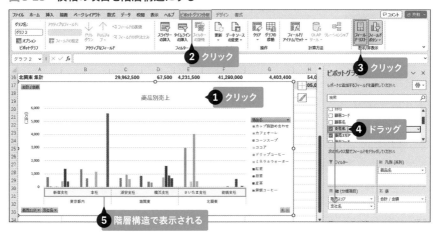

「日付」でフィルターを設定する

グラフの集計値を、特定のレコードだけを対象にした内容に絞り込むには、フィルター機能を使います。ここでは、2022年1月から2022年3月までの販売データだけを抽出します。

まず、グラフエリアをクリックし、「ピボットグラフのフィールド」作業ウィンドウのフィールドセクションから、「日付」を「フィルター」ボックスにドラッグして追加します（**図6-17**）。

図6-17　フィルターを追加する

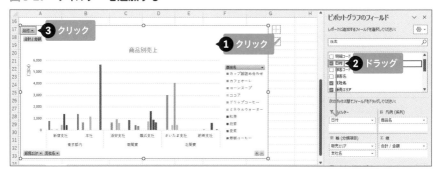

次に、グラフのフィルター欄に表示された「日付」のフィールドボタンをクリックします。表示された一覧で「複数のアイテムを選択」にチェックを入れ、チェックボックスに表示を変更してから、「2022/1/7」から「2022/3/15」までを選択して「OK」をクリックします（**図6-18**）。これで、**図6-13**のAfterのように、ピボットグラフの内容が変わります。

図6-18　絞り込みたい条件を選択する

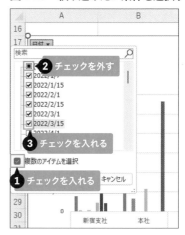

ONEPOINT

ピボットグラフからフィールドを削除するには、グラフエリアをクリックし、「ピボットグラフのフィールド」作業ウィンドウで、エリアセクションのボックスから削除したいフィールドを作業ウィンドウの外にドラッグします。

ONEPOINT

ピボットグラフに表示されているフィールドを別のエリアに移動するときは、エリアセクションの「フィルター」、「凡例（系列）」、「軸（分類項目）」、「値」の各ボックス間で移動先のボックスへドラッグします。なお、ピボットグラフのレイアウトが変わると、リンクしたピボットテーブルのレイアウトも連動して変わります。

6-1-4 グラフに表示する項目を絞り込む

凡例や横軸に表示されたフィールドから、特定の項目だけをグラフに表示させたい場合は、フィールドボタンを使ってフィルターを設定します。「AとBの2つの商品だけのグラフがほしい」といった場合に利用できます。

凡例から特定の項目だけをグラフに表示したい

ピボットグラフでは、横軸や凡例にフィールドボタンが表示されます。このボタンを使うと、ピボットテーブルのラベルフィルターと同様に、**グラフに表示させたい項目を抽出**できます。

凡例に「商品名」フィールドを設定した**図6-19**のピボットグラフでは、すべての商品の集計値がグラフに表示されています。コーヒー類だけの金額をグラフで確認したい場合は、「ドリップコーヒー」と「無糖コーヒー」を抽出します。

図6-19 凡例から特定の項目だけ表示したい

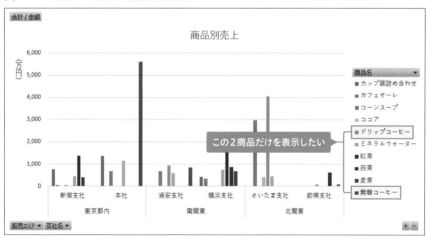

フィールドボタンからフィルターを実行する

凡例に表示された「商品名」のフィールドボタンをクリックします。図6-20の右図のように、項目の一覧がチェックボックスで表示されたら、「(すべて選択)」をクリックして、いったん全項目のチェックを外します。次に、「ドリップコーヒー」と「無糖コーヒー」をクリックしてチェックを入れ、「OK」をクリックします。この操作はピボットテーブルのフィルターと同様です。

参照→ 5-2-1 特定の文字を含むものを抽出する

図6-20 フィールドボタンから表示したい項目を選択する

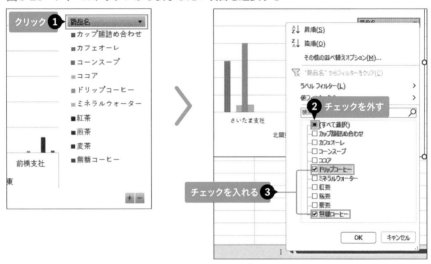

これで凡例には「ドリップコーヒー」と「無糖コーヒー」だけが表示され、グラフの内容も2商品だけに絞り込まれます（図6-21）。

図6-21　凡例から絞り込みができた

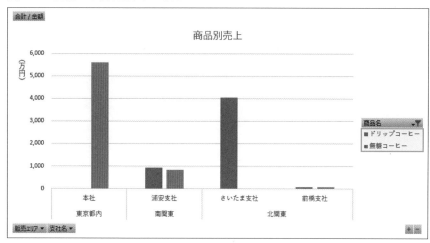

6 - 1 - 5 横軸の階層表示を ボタンで切り替える

ピボットグラフでは、横軸に複数のフィールドを設定して階層構造にすると「ドリルダウン」ボタンが表示されます。このボタンを使うと、グラフに表示する階層のレベルをすばやく変更できます。

階層構造になった横軸の表示を切り替えたい

ピボットグラフは通常のグラフと異なり、**横軸（横棒グラフの場合は縦軸）に複数のフィールドを設定して、項目見出しを階層構造にすることができま**す。横軸を階層構造にするには、「ピボットグラフのフィールド」作業ウィンドウで、「軸（分類項目）」ボックスに複数のフィールドを配置します。なお、元のピボットテーブルの行ラベルや列ラベルが階層になっている場合、ピボットグラフにもその階層構造が引き継がれます。

このとき、グラフエリアの右下に「ドリルダウン」ボタンが表示されます。ドリルダウンボタンをクリックすると、グラフに表示する階層のレベルをすばやく変更できます。**図6-22**のピボットグラフの横軸の表示を「販売エリア」フィールドだけに変更してみましょう。

図6-22 ドリルダウンボタンで階層のレベルを変更できる

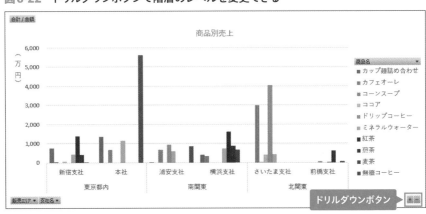

下位の項目を非表示にする

　グラフエリアをクリックし、「フィールド全体の折りたたみ」ボタン（「ー」のボタン）をクリックします（図6-23）。

図6-23　ピボットグラフの横軸の表示を減らす

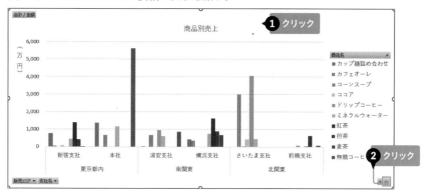

　下位フィールドの「支社名」が折りたたまれて、上位フィールドの「販売エリア」だけが表示されました（図6-24）。

図6-24　横軸の表示が減り、階層ではなくなった

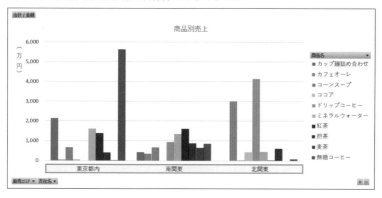

◖ONE POINT

下位フィールドの「支社名」を再び横軸に表示するには「フィールド全体の展開」ボタン（「＋」のボタン）をクリックします。

6-1-6 グラフの種類を変更する

ピボットテーブルの集計値をどのように見せたいかによって、適したグラフの種類は異なります。縦棒、折れ線、円、横棒といったグラフの種類は後から変更できるので、目的に合わないと感じた場合は、別の種類に変更しましょう（グラフの種類と目的は、図6-3を参照してください）。

グラフの種類を変更したい

ピボットグラフでは、通常のグラフと同じように、作成後にグラフの種類を別の種類に変更できます。

図6-25のBeforeの集合縦棒グラフでは、それぞれの支社における各商品

図6-25 グラフの種類を変更する

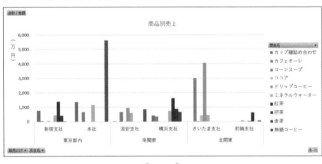

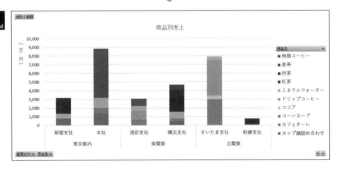

の売上の違いはわかりますが、全商品の売上の合計額の比較ができません。Afterのピボットグラフのように、「積み上げ縦棒」に変更すると、個々の金額だけでなく全体の合計も比較することができます。

「集合縦棒」から「積み上げ縦棒」に種類を変更する

ピボットグラフの種類を変更するには、グラフエリアをクリックし、「デザイン」タブの「グラフの種類の変更」をクリックします（図6-26）。

図6-26 「グラフの種類の変更」ダイアログボックスを開く

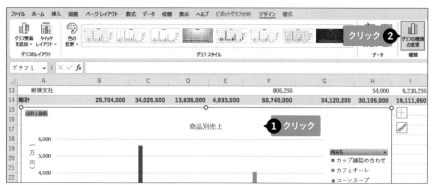

「グラフの種類の変更」ダイアログボックスが開きます。左の分類で「縦棒」を選択し、種類の一覧から「積み上げ縦棒」を選択して「OK」をクリックします（図6-27）。これで図6-25のAfterのように、グラフの種類が変更されます。

図6-27 グラフの種類を選択する

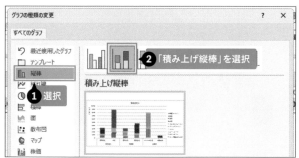

6-1-7 強調点が伝わるように色や数値を表示する

グラフでは見せたい点が伝わるよう配色にも気を配りましょう。「グラフスタイル」や「図形の塗りつぶし」を設定して強調したい項目を目立つ色に変更し、数値がわかるようデータラベルを表示すると、意図が伝わりやすいグラフになります。

初期設定の配色はそのまま使わない

　ピボットグラフは、作成した直後の初期設定のままでは、図6-28のBeforeのように、赤や青が混在するコントラストの強い配色になります。これでは、強い色がぶつかりあって強調点がどこなのかが伝わりません。

　グラフの色遣いは、**目立たせたい項目に赤、オレンジ、黄色といった鮮やかな色を設定し、それ以外の項目はグレーなど地味な色にしておく**と、見る人の視線が強調したい項目に自然と集まります。

　その原則を踏まえ、「お茶」の売上金額が目立つように配色を変更したのがAfterのピボットグラフです。このグラフなら、見た人はおのずと鮮やかな黄色を設定した「お茶」の項目に注目します。さらに、お茶の系列にはデータラベルを表示しているので、金額もすぐに確認できます。

図6-28　強調したい箇所をわかりやすく示す

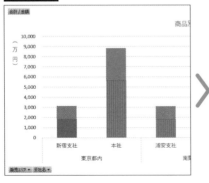
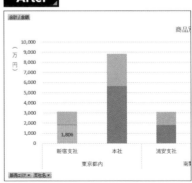

グラフの配色を変更する

まず、積み上げ縦棒グラフ全体の配色をグレーに変更しましょう。

グラフエリアをクリックし、「デザイン」タブの「色の変更」をクリックすると、配色が一覧表示されます。ここから「モノクロ」のグレーの配色（ここでは「モノクロパレット3」）を選択します（図6-29）。

図6-29　グラフの配色を変更する

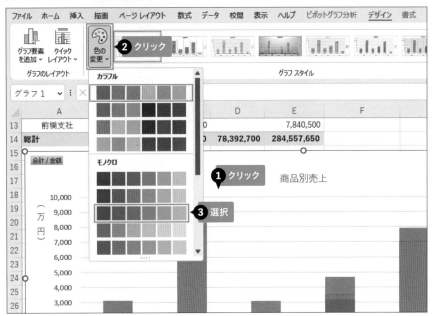

これで、棒グラフ全体の配色がグレーに変わります。続けて、目立たせたい「お茶」の系列だけを黄色に変更します。

グラフ内の「お茶」のいずれかの系列をクリックし、「書式」タブの「図形の塗りつぶし」の▼をクリックして、黄色系統の色（ここでは「ゴールド、アクセント4」）を選択します（図6-30）。これで、お茶の系列が黄色に変更されます。

図6-30 強調したい箇所の色を変更する

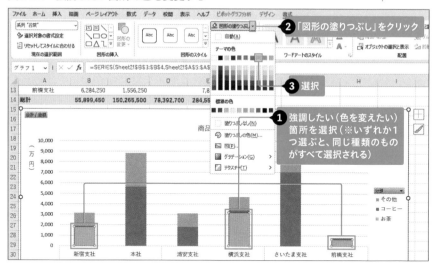

データラベルで金額を表示する

最後に、「データラベル」を設定して、お茶の売上金額をグラフ内に表示します。

グラフ内の「お茶」のいずれかの系列をクリックします。「グラフ要素」ボタンをクリックし、「データラベル」の「>」→「中央揃え」の順にクリックします。すると、棒グラフの棒の中央に売上金額が表示されます（**図6-31**）。これで**図6-28**のAfterのようなピボットグラフが完成します。

参照→ 6-1-1 ピボットグラフとは

🖐ONE POINT

グラフを編集する際、要素が小さくクリック操作で選択しにくい場合、「書式」タブの「グラフ要素」の▼をクリックすると、グラフエリアに表示されている要素が一覧表示されます。ここから名称をクリックすると対象を確実に選択できます。

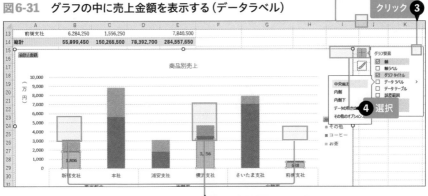

図6-31 グラフの中に売上金額を表示する（データラベル）

1 金額を表示したい箇所を選択
（※いずれか1つ選ぶと、同じ種類のものがすべて選択される）

⚫ ONE POINT

「お茶」の系列すべてではなく、「新宿支社」の「お茶」だけを強調したい場合は、グラフ内の「新宿支社」の「お茶」の要素を2回クリックします。1回目のクリックでは、「お茶」の系列全体が選択されますが、2回目のクリックで、新宿支社のお茶だけが選択された状態になります。あとは、**図6-31**の手順で操作します。

6-2-1 指定した数値以上の場合に色を付ける

ピボットテーブルで重要なデータを見逃さないようにするには、「条件付き書式」が役立ちます。指定した金額以上の集計値に自動的に背景色を設定し、一目でわかるようにするといった用途で利用できます。

一定金額以上のセルが一目でわかるよう目立たせたい

ピボットテーブルの集計値の中でも重要なデータには、セルに色を付けておくとすぐにわかるので、見逃す心配がありません。「条件付き書式」を設定すると、「○○以上」、「○○より小さい」といった条件に当てはまる集計値のセルに、自動的に背景色を設定したり、文字を太字にしたりする加工ができます。

図6-32のピボットテーブルでは、2022年と2023年の金額欄（B5からC14セル）に条件付き書式を設定し、金額が1000万円以上の場合は緑色の背景色が表示されるようにしています。これなら、高額の取引があった得意先が一目瞭然になります。

図6-32 一定金額以上のセルを目立たせる

	A	B	C	D	E
1					
2					
3	合計 / 金額	列ラベル			
4	行ラベル	2022年	2023年	総計	
5	デザインアルテ	24,124,700	6,799,800	30,924,500	
6	吉村不動産	5,741,400	7,209,000	12,950,400	
7	寺本システム	35,146,200	41,022,000	76,168,200	
8	若槻自動車	8,933,800	6,324,300	15,258,100	
9	森本食品	30,191,250	40,245,000		1000万円以上ならセルの
10	深田出版	5,702,400	6,449,700		背景色を緑色にする
11	西山フーズ	8,812,650	9,753,600	18,566,250	
12	川越トラベル	4,198,800	4,503,600	8,702,400	
13	辻本飲料販売	14,848,650	16,710,300	31,558,950	
14	鈴木ハウジング	4,006,350	3,834,150	7,840,500	
15	総計	141,706,200	142,851,450	284,557,650	
16					

「セルの強調表示ルール」を設定する

ピボットテーブルで特定のセルを強調するには、「条件付き書式」の「セルの強調表示ルール」を利用します。集計値が表示された「合計／金額」の任意のセルを選択し、「ホーム」タブの「条件付き書式」から「セルの強調表示ルール」→「その他のルール」を選択します（**図6-33**）。

図6-33 「新しい書式ルール」ダイアログボックスを開く

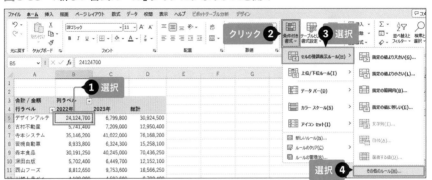

「新しい書式ルール」ダイアログボックスが開きます。「ルールの適用対象」で「"顧客名" と "年（日付）" の "合計／金額" 値が表示されているすべてのセル」を選択します。これで2022年、2023年の個別の金額欄が条件付き書式の適用範囲になります。

「ルールの種類を選択してください」で「指定の値を含むセルだけを書式設定」を選択し、その下の欄でルールの内容を編集します。

「次のセルのみを書式設定」の左の欄で「セルの値」を選択し、中央の欄で「次の値以上」を選択して、右の欄に「10000000」と入力します。これで「セルの値が1000万以上である」という条件になります。続けて「書式」をクリックします（**図6-34**）。

図6-34　目立たせるセルの条件を設定する

「セルの書式設定」ダイアログボックスが開くので、「塗りつぶし」タブを選択し、緑色を選択して「OK」をクリックします（**図6-35**）。「新しい書式ルール」ダイアログボックスで再度「OK」をクリックすると、**図6-32**のように1000万円以上のセルに緑色の背景色が表示されます。

図6-35　セルに付ける色を選択する

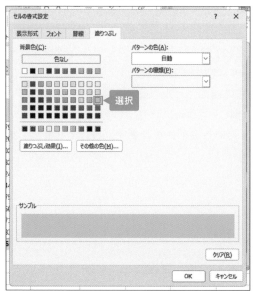

設定した条件付き書式を削除するには、あらかじめ対象となる条件付き書式が設定されたセルをすべて選択しておき、「ホーム」タブの「条件付き書式」から「ルールのクリア」→「選択したセルからルールをクリア」を選択します。

条件付き書式のルール内容を編集するには、ピボットテーブル内の任意のセルを選択し、「ホーム」タブの「条件付き書式」から「ルールの管理」を選択します（**図6-36**）。

図6-36 「条件付き書式ルールの管理」ダイアログボックスを開く

「条件付き書式ルールの管理」ダイアログボックスが開くので、ルールの一覧で編集したいルールをクリックして選択します。続けて「ルールの編集」をクリックすると（**図6-37**）、**図6-34**の「新しい書式ルール」ダイアログボックスと同様の画面が開きます。ここで内容を編集できます。

図6-37 条件付き書式ルールを変更する

6-2-2 1位から3位までに色を付ける

トップ10やワースト5が一目でわかるようにするには、条件付き書式の「上位/下位ルール」を利用します。数値の大小を比較して、「大きい順に〇番目まで」、「小さい順に〇番目まで」という条件に当てはまるセルに書式を設定できます。

総計の大きい上位3番目までのセルに色を付けたい

条件付き書式の「上位/下位ルール」を利用すると、**金額や数量の大小を比較して自動的に順位を求め、指定した順位までのセルに色を付けて目立たせる**ことができます。そうすることで、重要な得意先や、改善が必要な商品のデータが一目でわかるようになります。

図6-38のピボットテーブルでは、得意先別に売上金額を集計しています。D5セルからD14セルまでの総計の金額のうち、上位3位までのセルに色を付けています。

図6-38　上位3位までのセルに色を付ける

	A	B	C	D
1				
2				
3	合計 / 金額	列ラベル		
4	行ラベル	2022年	2023年	総計
5	デザインアルテ	24,124,700	6,799,800	30,924,500
6	吉村不動産	5,741,400	7,209,000	12,950,400
7	寺本システム	35,146,200	41,022,000	76,168,200
8	若槻自動車	8,933,800	6,324,300	15,258,100
9	森本食品	30,191,250	40,245,000	70,436,250
10	深田出版	5,702,400	6,449,700	12,152,100
11	西山フーズ	8,812,650	9,753,600	18,566,250
12	川越トラベル	4,198,800	4,503,600	8,702,400
13	辻本飲料販売	14,848,650	16,710,300	31,558,950
14	鈴木ハウジング	4,006,350	3,834,150	7,840,500
15	総計	141,706,200	142,851,450	284,557,650

上位3位までの
セルに色を付ける

条件付き書式の「上位/下位ルール」を設定する

　総計のセル（ここではD5からD14セル）を選択しておき、「ホーム」タブの「条件付き書式」から「上位/下位ルール」→「上位10項目」を選択します（図6-39）。

図6-39　「上位10項目」ダイアログボックスを開く

　「上位10項目」ダイアログボックスが開くので、左の欄に求めたい順位を入力します。ここでは3番目までのセルに書式を設定したいので「3」と入力します。右の「書式：」欄では、あらかじめ用意された書式から設定したいものを選択します（図6-40）。

　特に指定しなければ、初期設定の「濃い赤の文字、明るい赤の背景」という書式が適用されます。「OK」をクリックすると、図6-38のように上位3位までの金額のセルに赤色の書式が設定されます。

図6-40 上位に色を付ける設定をする

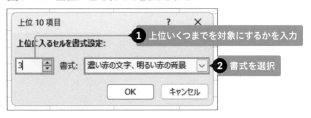

数値を大きい順に並べたときの順位を指定するには、上記のように「上位/下位ルール」で「上位10項目」を選択します。反対に、数値を小さい順に並べたときの順位を指定するには「下位10項目」を選択します。

6-2-3 平均値を下回ったものに色を付ける

金額や数量の集計値を比較する際、「平均より上」あるいは「平均より下」の
データが一目でわかるようにするには、条件付き書式の「上位／下位ルール」
から設定します。関数などで平均を求める必要はありません。

平均を下回る総計のセルに色を付けたい

ピボットテーブルの集計値全体の平均を求め、それを上回るかどうかを基
準にデータを見たい場合には、条件付き書式の「上位／下位ルール」が役立
ちます。「平均より上」、「平均より下」を選択すると、金額や数量の平均値よ
り上か下かでセルに自動的に色を付けることができ、優良な顧客や売上への
貢献度が高い地域が一目でわかるようになります。

図6-41のピボットテーブルでは、得意先別に売上金額を集計しています。
ここでD5セルからD14セルまでの総計の金額欄に条件付き書式を設定し
て、平均を下回るセルに色を付け、注意を促すようにしています。

図6-41　平均より下のセルに色を付ける

	A	B	C	D	E
1					
2					
3	合計 / 金額	列ラベル ▼			
4	行ラベル ▼	2022年	2023年	総計	
5	デザインアルテ	24,124,700	6,799,800	30,924,500	
6	吉村不動産	5,741,400	7,209,000	12,950,400	
7	寺本システム	35,146,200	41,022,000	76,168,200	
8	若槻自動車	8,933,800	6,324,300	15,258,100	
9	森本食品	30,191,250	40,245,000	70,436,250	
10	深田出版	5,702,400	6,449,700	12,152,100	
11	西山フーズ	8,812,650	9,753,600	18,566,250	
12	川越トラベル	4,198,800	4,503,600	8,702,400	
13	辻本飲料販売	14,848,650	16,710,300	31,558,950	
14	鈴木ハウジング	4,006,350	3,834,150	7,840,500	
15	総計	141,706,200	142,851,450	284,557,650	
16					

平均より下の
セルに色を付ける

上位/下位ルールから「平均より下」を指定する

　条件付き書式を設定するには、総計のセル（ここではD5からD14セル）を選択しておき、「ホーム」タブの「条件付き書式」から「上位/下位ルール」→「平均より下」を選択します（図6-42）。

図6-42　「平均より下」ダイアログボックスを開く

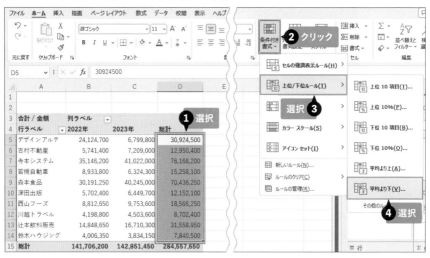

　「平均より下」ダイアログボックスが開き、あらかじめ用意された書式から設定したい内容を選択できます（図6-43）。特に指定しなければ「濃い赤の文字、明るい赤の背景」を設定する書式がそのまま適用されます。「OK」をクリックすると、図6-41のように書式が設定されます。

図6-43　「平均より下」の場合の書式を設定する

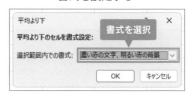

6-3-1 数値の変化を簡易的な 折れ線グラフで表示する

「スパークライン」は、縮小版の折れ線グラフや棒グラフをセルの中に表示する機能で、ピボットテーブルの集計値をすばやくグラフにしたいときに便利です。数値の変化を見たい場合は、折れ線のスパークラインを作成します。

簡易的な折れ線グラフで売上の推移を表したい

四半期単位で売上金額を集計したピボットテーブルでは、その数値を折れ線グラフで表すと変化が一目でわかります。通常、ピボットテーブルの集計値をグラフ化するにはピボットグラフを使いますが、**凡例や項目見出しが不要なら「スパークライン」でグラフを作成すると効率的です。**

スパークラインは、セルの中に簡略化された小さなグラフを描く機能です。作成できるグラフの種類は、折れ線グラフと縦棒グラフの2種類です。

図6-44のピボットテーブルでは、行ラベルに「顧客名」フィールドを、列

図6-44 折れ線のスパークラインで視覚化する

	A	B	C	D	E	F
3	合計 / 金額	列ラベル				
4		⊟2023年				
5	行ラベル	第1四半期	第2四半期	第3四半期	第4四半期	
6	デザインアルテ	1,525,500	1,476,300	1,722,000	2,076,000	
7	吉村不動産	1,652,400	1,812,000	1,890,600	1,854,000	
8	寺本システム	9,690,600	9,552,600	9,912,000	11,866,800	
9	若槻自動車	1,258,800	1,693,500	1,686,000	1,686,000	
10	森本食品	8,475,000	9,952,500	9,622,500	12,195,000	
11	深田出版	1,476,300	1,478,400	1,791,600	1,703,400	
12	西山フーズ	2,346,300	2,041,200	2,462,400	2,903,700	
13	川越トラベル	1,102,500	1,053,300	1,223,700	1,124,100	
14	辻本飲料販売	4,031,100	4,425,300	3,915,000	4,338,900	
15	鈴木ハウジング	754,650	1,118,550	1,065,900	895,050	
16	総計	32,313,150	34,603,650	35,291,700	40,642,950	

折れ線のスパークライン

ラベルに「日付」の「四半期」フィールドを指定して、顧客別の売上金額を四半期ごとに集計しています。さらに、ピボットテーブル右のF列のセルには、スパークラインを使ってその数値を折れ線グラフで表しています。これを見れば、売上の変化が一目瞭然です。

折れ線のスパークラインを挿入する

ここでは、ピボットテーブルの右隣にスパークラインを挿入して、四半期ごとの金額の推移を折れ線グラフで表します。

スパークラインを表示するセル（ここではF6セル）を選択し、「挿入」タブの「折れ線スパークライン」をクリックします（**図6-45**）。

図6-45 「スパークラインの作成」ダイアログボックスを開く

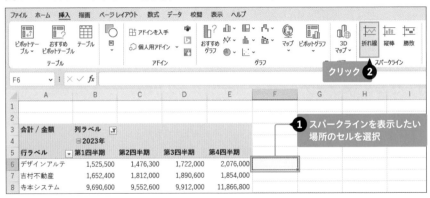

「スパークラインの作成」ダイアログボックスが開きます。「データ範囲」には、グラフ化したい集計値が表示されたセル範囲（ここではB6からE6セル）をドラッグして指定します。「場所の範囲」には、スパークラインを表示するセルを指定します。あらかじめクリックしておいたF6セルが絶対参照で「$F$6」と表示されるのを確認し、「OK」をクリックします（**図6-46**）。

図6-46　スパークラインにするデータと表示範囲を設定する

　F6セルに折れ線のスパークラインが表示され、最初の顧客「デザインアルテ」の売上金額が折れ線グラフで表されます。次に、オートフィル操作でスパークラインをコピーします。F6セルの右下角をポイントしてF15セルまでドラッグすると（**図6-47**）、他の顧客の売上金額も同様に折れ線グラフで表示されます。

図6-47　オートフィルでスパークラインをコピー

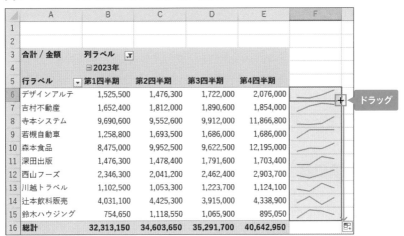

折れ線にマーカーを表示する

折れ線の個々の数値の点を目立たせるには、折れ線に「マーカー」を表示します。スパークラインを設定したセル（F6からF15セル）のうちいずれか1つを選択し、「スパークライン」タブの「マーカーの色」をクリックして、「マーカー」から色を選択します（図6-48）。

図6-48 折れ線の個々の点を目立たせる

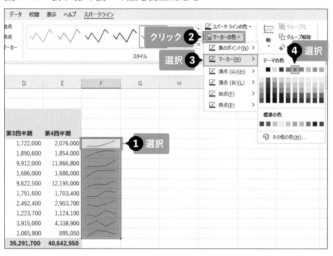

ONE POINT

「スパークライン」タブの「マーカーの色」で「頂点（山）」を選択すると、最も大きな数値の部分の色を変更できます。同様に「頂点（谷）」を選択すると、最も小さい数値の部分の色を変更できます。

ONE POINT

コピーしたスパークラインは一連のグループになり、これを「スパークライングループ」と言います。スパークラインを削除するには、スパークラインが設定されたセルを1つ選択し、「スパークライン」タブの「クリア」右の▼をクリックし、「選択したスパークライングループのクリア」を選択します。

6-3-2 数値の大きさを簡易的な棒グラフで比較する

「スパークライン」を利用すると、ピボットグラフよりも少ない手順で、簡易版の折れ線グラフや棒グラフをセル内に作成できます。数値の大小を比較するには、縦棒のスパークラインを作成しましょう。

簡易的な縦棒グラフで四半期ごとの売上を比較したい

四半期ごとの売上の推移を集計したピボットテーブルでは、その数値を縦棒グラフで表すと金額の差が一目でわかります。折れ線と同様に、凡例や項目見出しが不要なら、ピボットグラフではなく「スパークライン」機能の「縦棒」を使うと効率的です。

図6-49のピボットテーブルでは、スパークラインを利用して、ピボットテーブル右のF列のセルにその数値を縦棒グラフで表しています。これを見れば、四半期単位での売上の大小が一目でわかります。

参照→ 6-3-1 数値の変化を簡易的な折れ線グラフで表示する

図6-49　縦棒のスパークラインで視覚化する

	A	B	C	D	E	F
1						
2						
3	合計 / 金額	列ラベル				
4		⊟2023年				
5	行ラベル	第1四半期	第2四半期	第3四半期	第4四半期	
6	デザインアルテ	1,525,500	1,476,300	1,722,000	2,076,000	
7	吉村不動産	1,652,400	1,812,000	1,890,600	1,854,000	
8	寺本システム	9,690,600	9,552,600	9,912,000	11,866,800	
9	若槻自動車	1,258,800	1,693,500	1,686,000	1,686,000	
10	森本食品	8,475,000	9,952,500	9,622,500	12,195,000	
11	深田出版	1,476,300	1,478,400	1,791,600	1,703,400	
12	西山フーズ	2,346,300	2,041,200	2,462,400	2,903,700	
13	川越トラベル	1,102,500	1,053,300	1,223,700	1,124,100	
14	辻本飲料販売	4,031,100	4,425,300	3,915,000	4,338,900	
15	鈴木ハウジング	754,650	1,118,550	1,065,900	895,050	
16	総計	32,313,150	34,603,650	35,291,700	40,642,950	
17						

縦棒のスパークライン

縦棒のスパークラインを挿入する

スパークラインを表示するセル（ここではF6セル）を選択し、「挿入」タブの「縦棒スパークライン」をクリックします（図6-50）。

図6-50　「スパークラインの作成」ダイアログボックスを開く

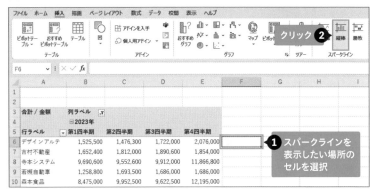

「スパークラインの作成」ダイアログボックスが開きます。「データ範囲」には、グラフ化したい集計値が表示されたセル範囲（ここではB6からE6セル）をドラッグして指定します。「場所の範囲」には、スパークラインを表示するセルを指定します。あらかじめクリックしておいたF6セルが絶対参照で「$F$6」と表示されるのを確認し、「OK」をクリックします（図6-51）。続けてF6セルに挿入されたスパークラインをオートフィル操作でF15セルまでコピーすると（図6-47参照）、図6-49の完成図のようになります。

図6-51　スパークラインにするデータと表示範囲を設定する

スパークラインの最大値と最小値を揃える

　スパークラインで表示されたグラフの最小値と最大値は、「スパークラインの作成」ダイアログボックスの「データ範囲」に指定した数値が体裁よく収まるように自動で設定されます。そのため、図6-49のF6セルからF15セルに表示された縦棒グラフの最小値と最大値は、セルにより異なります。顧客間で金額の大小を比較したい場合は、次の手順でスパークラインの最大値と最小値を統一しましょう。

　スパークラインのセル（F6からF15）のいずれか1つを選択し、「スパークライン」タブの「軸」をクリックして、「縦軸の最小値のオプション」と「縦軸の最大値のオプション」の両方で「すべてのスパークラインで同じ値」を選択します（図6-52）。

図6-52　最小値と最大値を統一する

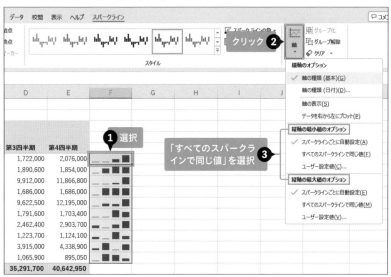

　これで、スパークラインの最小値と最大値が同一の値に統一されるので、顧客同士で金額の大小を比較できるようになります（図6-53）。顧客間では「寺本システム」と「森本食品」の売上額が各段に大きいことが一目でわかります。図6-49のスパークラインと比べてみると、その違いは一目瞭然です。

図6-53　スパークラインの最小値と最大値が統一された

	A	B	C	D	E	F
1						
2						
3	合計 / 金額	列ラベル　▼				
4		⊟2023年				
5	行ラベル　▼	第1四半期	第2四半期	第3四半期	第4四半期	
6	デザインアルテ	1,525,500	1,476,300	1,722,000	2,076,000	‒ ‒ ‒ ‒
7	吉村不動産	1,652,400	1,812,000	1,890,600	1,854,000	‒ ‒ ‒ ‒
8	寺本システム	9,690,600	9,552,600	9,912,000	11,866,800	■ ■ ■ ■
9	若槻自動車	1,258,800	1,693,500	1,686,000	1,686,000	‒ ‒ ‒ ‒
10	森本食品	8,475,000	9,952,500	9,622,500	12,195,000	■ ■ ■ ■
11	深田出版	1,476,300	1,478,400	1,791,600	1,703,400	‒ ‒ ‒ ‒
12	西山フーズ	2,346,300	2,041,200	2,462,400	2,903,700	‒ ‒ ‒ ‒
13	川越トラベル	1,102,500	1,053,300	1,223,700	1,124,100	‒ ‒ ‒ ‒
14	辻本飲料販売	4,031,100	4,425,300	3,915,000	4,338,900	‒ ‒ ‒ ‒
15	鈴木ハウジング	754,650	1,118,550	1,065,900	895,050	‒ ‒ ‒ ‒
16	総計	32,313,150	34,603,650	35,291,700	40,642,950	
17						

最大値と最小値
を統一できた

ONEPOINT

最大値と最小値がセルによってばらつきがあるのは、折れ線のスパークラインで
も同様です。スパークライン同士で数値の大きさや変化の違いを比較したい場合
は、同じ手順で最大値と最小値を統一します。

参照➡ **6-3-1** 数値の変化を簡易的な折れ線グラフで表示する

6-3-3 数値の大きさを横棒グラフで表示する

「条件付き書式」の「データバー」を利用すると、簡易版の横棒グラフを数値と同じセル内に表示できます。ピボットテーブルの集計結果の数値の差や大きさを視覚的に見せたいときに役立ちます。

セルの背景に横棒グラフを表示して金額の差を比較したい

商品名ごとに金額の合計を求めたピボットテーブルでは、数値を棒グラフにすると、各商品の金額の大きさが一目でわかります。「条件付き書式」機能の「データバー」を利用すると、**集計値と同じセル内に手早く横棒グラフを表示できます**。単に数値の比較をするだけなら、ピボットグラフを作成するより手軽です。

図6-54のピボットテーブルでは、データバーを利用して、D列の総計の数値を横棒グラフで表しています。これを見れば、商品ごとの合計売上額を比較しやすくなります。

図6-54　データバーで比較する

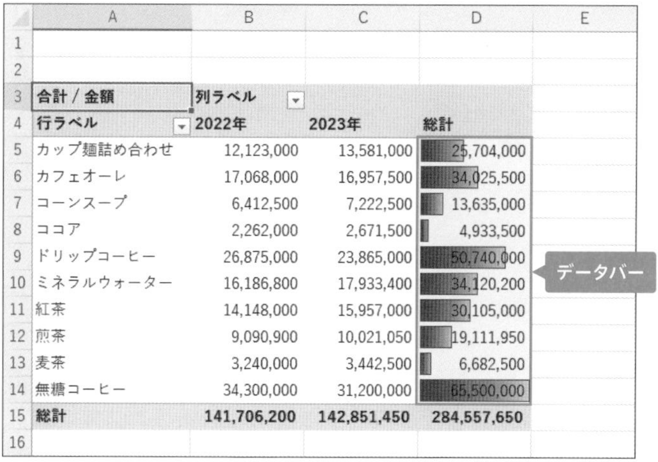

	A	B	C	D	E
3	合計 / 金額	列ラベル			
4	行ラベル	2022年	2023年	総計	
5	カップ麺詰め合わせ	12,123,000	13,581,000	25,704,000	
6	カフェオーレ	17,068,000	16,957,500	34,025,500	
7	コーンスープ	6,412,500	7,222,500	13,635,000	
8	ココア	2,262,000	2,671,500	4,933,500	
9	ドリップコーヒー	26,875,000	23,865,000	50,740,000	
10	ミネラルウォーター	16,186,800	17,933,400	34,120,200	
11	紅茶	14,148,000	15,957,000	30,105,000	
12	煎茶	9,090,900	10,021,050	19,111,950	
13	麦茶	3,240,000	3,442,500	6,682,500	
14	無糖コーヒー	34,300,000	31,200,000	65,500,000	
15	総計	141,706,200	142,851,450	284,557,650	

データバー

データバーを挿入する

集計値が表示されたセル（ここではD5からD14セル）をドラッグし、「ホーム」タブの「条件付き書式」をクリックして、「データバー」からデータバーの種類を選択します（**図6-55**）。ここでは「塗りつぶし（グラデーション）」の紫色のデータバーを選びました。すると、**図6-54**のピボットテーブルのような横棒グラフが表示されます。

図6-55　データバーを表示する

●ONEPOINT

ピボットテーブルに表示されたデータバーを削除するには、ピボットテーブル内の任意のセルをクリックしておき、「ホーム」タブの「条件付き書式」をクリックして、「ルールのクリア」→「このピボットテーブルからルールをクリア」を選択します。

データバーの最大値と最小値を指定する

データバーで表示された横棒グラフでは、データバーを設定したセル範囲の数値が体裁よく収まるように最小値と最大値が自動で設定されます。この最小値と最大値には、特定の数値を指定することもできます。ここでは、最

小値を1千万、最大値を1億に変更してみましょう。

　データバーが表示されたセル（D5からD14）をドラッグして選択し、「ホーム」タブの「条件付き書式」をクリックし、「ルールの管理」を選択します（図6-56）。

図6-56　「条件付き書式ルールの管理」ダイアログボックスを開く

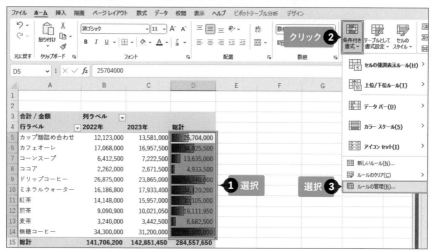

　「条件付き書式ルールの管理」ダイアログボックスが開きます。データバーのルールをクリックして選択し、「ルールの編集」をクリックします（図6-57）。

図6-57　「書式ルールの編集」ダイアログボックスを開く

「書式ルールの編集」ダイアログボックスが開いたら、このダイアログボックスの下部でルールの内容を編集します。

　「最小値」と「最大値」に特定の数値を設定するには、まず、最小値と最大値の「種類」に「数値」を選択しておきます。次に、最小値の「値」に「10000000」（1千万）と入力し、同様に最大値の「値」に「100000000」（1億）と入力して、「OK」を順にクリックします（**図6-58**）。

図6-58　最小値と最大値に数値を設定する

　これで、最小値が1千万、最大値が1億になるようにデータバーの設定が変更されます。それに合わせて横棒グラフの長さが変わるため、総計が1千万未満であるD8セルやD13セルには横棒が表示されなくなります。

　このように、データバーに最小値や最大値を指定すると、特定の範囲内にある集計値だけを比較できます（**図6-59**）。

図6-59　データの最小値と最大値が変更された

	A	B	C	D	E
1					
2					
3	合計 / 金額	列ラベル ▼			
4	行ラベル ▼	2022年	2023年	総計	
5	カップ麺詰め合わせ	12,123,000	13,581,000	25,704,000	
6	カフェオーレ	17,068,000	16,957,500	34,025,500	
7	コーンスープ	6,412,500	7,222,500	13,635,000	
8	ココア	2,262,000	2,671,500	4,933,500	
9	ドリップコーヒー	26,875,000	23,865,000	50,740,000	
10	ミネラルウォーター	16,186,800	17,933,400	34,120,200	
11	紅茶	14,148,000	15,957,000	30,105,000	
12	煎茶	9,090,900	10,021,050	19,111,950	
13	麦茶	3,240,000	3,442,500	6,682,500	
14	無糖コーヒー	34,300,000	31,200,000	65,500,000	
15	総計	141,706,200	142,851,450	284,557,650	
16					

> 売上合計が1千万円〜1億円のデータだけをデータバーで比較できる

ONE POINT

「書式ルールの編集」ダイアログボックスの「ルールの適用対象」で「"商品名"と"年"の"合計/金額"値が表示されているすべてのセル」を選択すると、商品名の種類が増えてピボットテーブルの行ラベルの項目が増えた場合に、条件付き書式の設定範囲も自動的に拡張され、新たな商品の集計値にもデータバーが表示されます。行ラベルや列ラベルの項目が増えることが予想されるピボットテーブルでは、「ルールの適用対象」を変更しておくとよいでしょう。

6 - 3 - 4 数値の大きさをアイコンでランク分けする

「3千万円以上」、「1千万円以上3千万円未満」のように、金額に応じて集計値を分類するには、「条件付き書式」の「アイコンセット」を利用します。アイコンセットを設定すると、指定した数値の範囲の中でどのランクに属するかをアイコンで区別できます。

売上金額を3段階にランク分けしたい

　ピボットテーブルの集計値をいくつかのランクに分けて分析したい場合は、「条件付き書式」の「アイコンセット」が役立ちます。

　図6-60のピボットテーブルでは、D列の総計のセルにアイコンセットを設定して、売上金額を3つのランクに分類しています。売上金額が「3千万円以上なら『✓』」を、「1千万円以上3千万円未満なら『！』」を、「1千万円未満なら『×』」をセルの先頭に表示しているので、それぞれの商品がどのランクに属するのかが一目でわかります。

図6-60　アイコンセットでランク分けする

	A	B	C	D	E
1					
2					
3	合計 / 金額	列ラベル			
4	行ラベル	2022年	2023年	総計	
5	カップ麺詰め合わせ	12,123,000	13,581,000	！ 25,704,000	
6	カフェオーレ	17,068,000	16,957,500	✓ 34,025,500	
7	コーンスープ	6,412,500	7,222,500	！ 13,635,000	
8	ココア	2,262,000	2,671,500	✗ 4,933,500	
9	ドリップコーヒー	26,875,000	23,865,000	✓ 50,740,000	
10	ミネラルウォーター	16,186,800	17,933,400	✓ 34,120,200	
11	紅茶	14,148,000	15,957,000	✓ 30,105,000	
12	煎茶	9,090,900	10,021,050	！ 19,111,950	
13	麦茶	3,240,000	3,442,500	✗ 6,682,500	
14	無糖コーヒー	34,300,000	31,200,000	✓ 65,500,000	
15	総計	141,706,200	142,851,450	284,557,650	
16					

アイコンセットの付いたセル

アイコンセットを追加する

　ピボットテーブルにアイコンセットを追加して、各商品の売上金額を3グループに分類したアイコンを表示します。

　集計値が表示されたセル（ここではD5からD14セル）を選択し、「ホーム」タブの「条件付き書式」をクリックして、「アイコンセット」からアイコンの種類を選択します。ここでは「インジケーター」の「✓！×」を選びます（図6-61）。

図6-61　アイコンセットを追加する

　これで、D5からD14セルの先頭に該当するアイコンが表示されます（図6-62）。

　なお、ここで表示されたアイコンは、総計のセルの数値を大きさ順に並べた結果を単純に3分の1ずつ区切って3グループに分類した結果です。

図6-62　アイコンセットがセルの左端に表示された

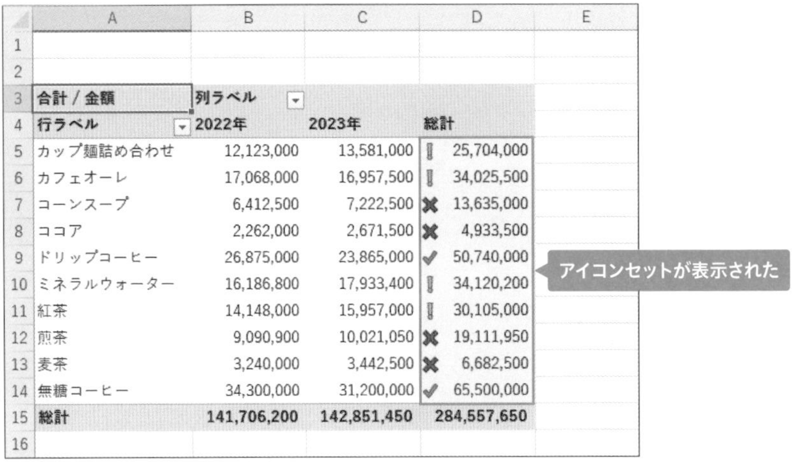

0
1
2
3
4
5
6
7
8

分析に役立つ視覚化テクニック

アイコンのしきい値を変更する

　図6-61のように条件付き書式のアイコンセットを設定すると、初期状態では、最小値から最大値までのデータを等分してグループの範囲が設定されます。しかし、実際の業務では、ランク分けの基準に特定の数値を指定したい場合が多いものです。

　ランク分けの基準となる数値のことを「しきい値」と言います。アイコンセットのしきい値を編集すれば、グループにする基準値を独自に指定して、その基準に沿ったアイコンをセルに表示できます。

　ここでは、「3千万円以上なら『✓』」、「1千万円以上3千万円未満なら『！』」、「1千万未満なら『×』」のアイコンがそれぞれのセルに表示されるようにしきい値を変更します。

　アイコンセットが表示されたセル（D5からD14セル）を選択し、「ホーム」タブの「条件付き書式」をクリックして、「ルールの管理」を選択します（図6-63）。

図6-63 「条件付き書式ルールの管理」ダイアログボックスを開く

「条件付き書式ルールの管理」ダイアログボックスが開くので、アイコンセットのルールをクリックして選択し、「ルールの編集」をクリックします（**図6-64**）。

図6-64 「書式ルールの編集」ダイアログボックスを開く

「書式ルールの編集」ダイアログボックスが開きます。このダイアログボックス下部の「次のルールに従って各アイコンを表示」の欄でしきい値の内容を編集できます。

しきい値に特定の数値を設定するには、まず、右下の「種類」の欄で2カ所とも「数値」を選択しておきます。次に、アイコン「✓」の「値」に「30000000」（3千万）と入力し、同様にアイコン「！」の「値」に「10000000」（1千万）と入力して、「OK」を順にクリックします（図6-65）。

図6-65　アイコンのしきい値を変更する

　しきい値が変更され、図6-60のピボットテーブルのように結果が変わります。新たに設定したしきい値に合わせて、「3千万円以上なら『✓』」、「1千万円以上3千万円未満なら『！』」、「1千万円未満なら『×』」というルールに沿ったアイコンがセルに表示されています。

⚫ONE POINT

「書式ルールの編集」ダイアログボックスの「アイコンスタイル」では、アイコンの絵柄を他の種類に変更できます。また「アイコンの順序を逆にする」をクリックすると、大小の基準に合わせて表示するアイコンの順番を入れ替えることも可能です。

6-3-5 金額の大きさに応じてセルを塗り分ける

「条件付き書式」の「カラースケール」を利用すると、金額の大小に応じて、緑から赤へと徐々に変化するような塗りつぶしをセルに設定できます。数値の偏りや全体的な傾向を色のグラデーションを見て把握するのに役立ちます。

金額に応じてセルの色を変化させたい

　ピボットテーブルの集計値のセルに、**数値の大小に応じて徐々に変化する背景色を設定する**には、「条件付き書式」の「カラースケール」が役立ちます。

　図6-66のピボットテーブルでは、集計値のセルにカラースケールを設定して、金額が大きいセルほど緑色に、小さいセルほど赤色に近づくような背景色を表示しています。

　この結果を見ると、全商品の中でもココアや麦茶の売上金額が1年を通して低いことや、無糖コーヒーの売上金額が高いことが一目でわかります。

図6-66 金額を基準にカラースケールで色分けする

	A	B	C	D	E
1					
2					
3	合計 / 金額	列ラベル			
4		□2023年			
5	行ラベル	第1四半期	第2四半期	第3四半期	第4四半期
6	カップ麺詰め合わせ	2,997,000	3,618,000	3,510,000	3,456,000
7	カフェオーレ	3,315,000	3,825,000	4,462,500	5,355,000
8	コーンスープ	1,575,000	1,552,500	1,890,000	2,205,000
9	ココア	604,500	604,500	799,500	663,000
10	ドリップコーヒー	5,160,000	6,288,750	5,321,250	7,095,000
11	ミネラルウォーター	4,329,600	4,391,100	4,526,400	4,686,300
12	紅茶	3,969,000	4,023,000	3,699,000	4,266,000
13	煎茶	2,299,050	2,386,800	2,650,050	2,685,150
14	麦茶	864,000	864,000	783,000	931,500
15	無糖コーヒー	7,200,000	7,050,000	7,650,000	9,300,000
16	総計	32,313,150	34,603,650	35,291,700	40,642,950

カラースケールを設定したセル

カラースケールを追加する

ピボットテーブルのセルにカラースケールを追加して、各商品の売上金額の数値を色のグラデーションで表します。

集計値が表示されたセル（ここではB6からE15セル）をドラッグして選択し、「ホーム」タブの「条件付き書式」をクリックして、「カラースケール」から種類を選択します（図6-67）。ここでは「緑、黄、赤のカラースケール」を選びました。すると、図6-66のように設定されます。

図6-67　カラースケールを表示する

6-4-1 ピボットテーブルのデザインを変更する

ピボットテーブルの外観を見栄えよくするには、「ピボットテーブルスタイル」を利用すると効率的です。個別に書式を設定しなくても、行見出しや列見出しを目立たせたり、階層になった集計値をわかりやすく見せたりすることができます。

用意されているデザインを利用したい

作成した直後のピボットテーブルは、図6-68のBeforeのように、列見出しのセルに薄い背景色が設定されただけのシンプルなデザインの表です。より見栄えのする集計表がほしい場合は、「ピボットテーブルスタイル」が役立ちます。

「ピボットテーブルスタイル」とは、行見出しや列見出しの書式、罫線、塗りつぶしといったピボットテーブルのデザインがセットで登録されたデザイン集です。スタイルの種類を選ぶだけで、ピボットテーブル全体の外観をすばやく変更できます。

図6-68では、Beforeのピボットテーブルにピボットテーブルスタイルを設定し、Afterのように変更しました。これを見ると3、4行目の列見出しがメリハリのある配色に変わったことがわかります。また「分類」フィールドの項目名と集計値（5、9、13行目）に塗りつぶしが設定され、階層構造が一目で把握できるようになりました。このように、ピボットテーブルスタイルを適用すると、集計表の構造がわかりやすくなるメリットもあります。

「ピボットテーブルスタイル」を設定する

ピボットテーブルスタイルを変更するには、ピボットテーブル内の任意のセルを選択し、「デザイン」タブの「ピボットテーブルスタイル」の欄の右下にある「その他」ボタンをクリックします（図6-69）。

CHAPTER
6
SECTION
4
ITEM
1
ピボットテーブルのデザインを変更する

図6-68　ピボットテーブルスタイルを設定して見やすくする

Before

	A	B	C	D	E
1					
2					
3	合計 / 金額	列ラベル ▼			
4	行ラベル ▼	2022年	2023年	総計	
5	⊟お茶	26,478,900	29,420,550	55,899,450	
6	紅茶	14,148,000	15,957,000	30,105,000	
7	煎茶	9,090,900	10,021,050	19,111,950	
8	麦茶	3,240,000	3,442,500	6,682,500	
9	⊟コーヒー	78,243,000	72,022,500	150,265,500	
10	カフェオーレ	17,068,000	16,957,500	34,025,500	
11	ドリップコーヒー	26,875,000	23,865,000	50,740,000	
12	無糖コーヒー	34,300,000	31,200,000	65,500,000	
13	⊟その他	36,984,300	41,408,400	78,392,700	
14	カップ麺詰め合わせ	12,123,000	13,581,000	25,704,000	
15	コーンスープ	6,412,500	7,222,500	13,635,000	
16	ココア	2,262,000	2,671,500	4,933,500	
17	ミネラルウォーター	16,186,800	17,933,400	34,120,200	
18	総計	141,706,200	142,851,450	284,557,650	
19					

After

	A	B	C	D	E
1					
2					
3	合計 / 金額	列ラベル ▼			
4	行ラベル ▼	2022年	2023年	総計	
5	⊟お茶	26,478,900	29,420,550	55,899,450	
6	紅茶	14,148,000	15,957,000	30,105,000	
7	煎茶	9,090,900	10,021,050	19,111,950	
8	麦茶	3,240,000	3,442,500	6,682,500	
9	⊟コーヒー	78,243,000	72,022,500	150,265,500	
10	カフェオーレ	17,068,000	16,957,500	34,025,500	
11	ドリップコーヒー	26,875,000	23,865,000	50,740,000	
12	無糖コーヒー	34,300,000	31,200,000	65,500,000	
13	⊟その他	36,984,300	41,408,400	78,392,700	
14	カップ麺詰め合わせ	12,123,000	13,581,000	25,704,000	
15	コーンスープ	6,412,500	7,222,500	13,635,000	
16	ココア	2,262,000	2,671,500	4,933,500	
17	ミネラルウォーター	16,186,800	17,933,400	34,120,200	
18	総計	141,706,200	142,851,450	284,557,650	
19					

図6-69　ピボットテーブルスタイルの一覧を表示する

　ピボットテーブルスタイルの一覧が表示されたら、ここから種類を選択します。「中間」グループの「薄い緑、ピボットスタイル（中間）14」を選ぶと（**図6-70**）、**図6-68**のAfterのように変更されます。

図6-70　ピボットテーブルスタイルの一覧から種類を選択する

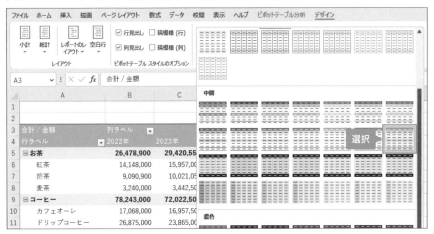

👆 **ONE POINT**

設定したピボットテーブルスタイルを初期状態のデザインに戻すには、「淡色」グループの「薄い青、ピボットスタイル（淡色）16」を選択します（Excel2019などでは「薄い青、ピボットスタイル（淡色20）」）。なお、左上端の「なし」を選ぶと、塗りつぶしがすべて削除された白一色のピボットテーブルになります。

6-4-2 行を見間違えないように 1行おきに縞模様を追加する

> 横長のピボットテーブルでは、「ピボットテーブルスタイルのオプション」を利用して、1行おきにセルに塗りつぶしを設定しましょう。集計表が横縞模様になるため、集計値を探す際に数字を目で追いやすくなります。

横長のピボットテーブルに縞模様を付けて見やすくしたい

　列数が多いピボットテーブルは、図6-71のように横長になるため、水平方向に視線を移動するのが大変です。左右にスクロールして探すうちに、別の行の数値を目で追っていたという経験はないでしょうか。

　「ピボットテーブルスタイル」には、表に縞模様を設定できるオプション項目があります。これを設定したものが図6-72のピボットテーブルです。これなら1行おきにセルに背景色が設定されるため、行の把握が楽になります。

　なお、ピボットテーブルスタイルの種類によっては、スタイルの選択と同時に縞模様が設定されるものもあります。その場合は、ここで紹介する設定は不要です。

参照→ **6-4-1** ピボットテーブルのデザインを変更する

図6-71 横長のピボットテーブルは行の内容を目で追いにくい

図6-72 縞模様状にして読みやすくする

After

	A	B	C	D	E	F	G	H	I
1									
2									
3	合計 / 金額	列ラベル ▼							
4		⊟2022年				2022年 集計	⊟2023年		
5	行ラベル ▼	第1四半期	第2四半期	第3四半期	第4四半期		第1四半期	第2四半期	第3四半期
6	カップ麺詰め合わせ	3,024,000	3,132,000	2,862,000	3,105,000	12,123,000	2,997,000	3,618,000	3,510,000
7	カフェオーレ	2,932,500	5,312,500	4,998,000	3,825,000	17,068,000	3,315,000	3,825,000	4,462,500
8	コーンスープ	1,552,500	1,575,000	1,507,500	1,777,500	6,412,500	1,575,000	1,552,500	1,890,000
9	ココア	546,000	526,500	526,500	663,000	2,262,000	604,500	604,500	799,500
10	ドリップコーヒー	8,223,750	8,170,000	5,805,000	4,676,250	26,875,000	5,160,000	6,288,750	5,321,250

ピボットテーブルに縞模様を設定する

ピボットテーブル内の任意のセルを選択しておき、「デザイン」タブの「ピボットテーブルスタイルのオプション」グループにある「縞模様（行）」にチェックを入れます（**図6-73**）。これで、**図6-72**のように1行おきにセルに背景色が設定されます。

図6-73 縞模様の背景色を設定する

「縞模様（列）」にチェックを入れると、1列ごとにセルに背景色が設定された縦の縞模様になります。また、「行見出し」や「列見出し」にチェックを入れると、行ラベル、列ラベルのセルが目立つように書式が設定されます。

6-4-3 集計値の空欄に「0」を表示する

> リストに集計対象のデータが存在しない場合、ピボットテーブルの「値」のエリアは空欄になります。空欄のままだと困る場合は、設定を変更して「0」や任意の文字を表示することも可能です。

空欄のセルに「0」と表示したい

　ピボットテーブルはリストの数値をもとに金額などを集計します。そのため、該当するデータがリストに存在しない場合は、ピボットテーブルの集計欄は空白になります。

　図6-74のBeforeのピボットテーブルでは、C列の2023年の集計結果にいくつか空白セルがあります。これは、それぞれの支社で販売された商品のうち、2023年の販売実績がない商品であることを表しています。

　ピボットテーブル内にこのような空欄ができると困る場合は、「ピボットテーブルオプション」の設定を変更すれば、Afterのように、空欄には自動で「0」を表示することができます。

図6-74　空欄に自動で「0」を表示する

	A	B	C
3	合計 / 金額	列ラベル	
4	行ラベル	2022年	2023年
5	⊟さいたま支社	34,390,050	44,748,600
6	カフェオーレ	13,260,000	16,702,500
7	コーンスープ	67,500	
8	ココア	2,028,000	2,203,500
9	ドリップコーヒー	16,931,250	23,542,500
10	ミネラルウォーター	2,103,300	2,300,100
11	⊟浦安支社	24,124,700	6,799,800
12	カップ麺詰め合わせ	81,000	
13	コーンスープ	3,082,500	3,712,500
14	ドリップコーヒー	9,460,000	
15	ミネラルウォーター	3,001,200	3,087,300

	A	B	C
3	合計 / 金額	列ラベル	
4	行ラベル	2022年	2023年
5	⊟さいたま支社	34,390,050	44,748,600
6	カフェオーレ	13,260,000	16,702,500
7	コーンスープ	67,500	0
8	ココア	2,028,000	2,203,500
9	ドリップコーヒー	16,931,250	23,542,500
10	ミネラルウォーター	2,103,300	2,300,100
11	⊟浦安支社	24,124,700	6,799,800
12	カップ麺詰め合わせ	81,000	0
13	コーンスープ	3,082,500	3,712,500
14	ドリップコーヒー	9,460,000	0
15	ミネラルウォーター	3,001,200	3,087,300

オプション設定で空欄に「0」を表示する

空欄に「0」を表示するには、ピボットテーブルオプションの設定を変更します。

ピボットテーブル内の任意のセルで右クリックし、表示されるメニューから「ピボットテーブルオプション」を選択します。

「ピボットテーブルオプション」ダイアログボックスが開いたら、「レイアウトと書式」タブの「空白セルに表示する値」にチェックを入れて、右の欄に「0」と入力します（図6-75）。「OK」をクリックして画面を閉じると、図6-74のAfterのように、空欄に「0」が表示されます。

図6-75　空欄に自動で「0」が表示されるようにする

♪COLUMN 「データなし」と空欄に表示する

「空白セルに表示する値」にチェックを入れておくと、右の欄に指定した文字が空欄のセルに表示されます。右の欄には「0」以外の内容を指定することもできます。たとえば「データなし」と入力すれば、空欄のセルには「データなし」と表示されます。

6-4-4 更新時に列幅が変更されないようにする

ピボットテーブルの列幅は、列ラベルに表示される項目が変わると、その文字数に応じて自動的に変わります。列の幅が頻繁に変更されると見づらい場合は、列幅を固定に設定できます。

列ラベルの項目が替わっても列幅を変えたくない

ピボットテーブルの列幅は、表全体の幅ができるだけコンパクトになるよう、列ラベルに指定したフィールドの項目が収まる幅に自動で調整されます。そのため、ピボットテーブルを更新したり、フィルター機能で項目を抽出したりすると、表示される項目の長さに合わせて列の幅も変更されます。たとえば、**図6-76**のB列では、レポートフィルターで抽出すると、表示される商品名が変わるので列の幅が変わっています。

このように、列幅が変化すると表が見づらいと感じる場合は、最初に決めた列幅が勝手に変更されないよう、列幅を固定に設定することができます。

図6-76　フィルターの操作により列幅が変わってしまう

抽出を実行すると列の幅が変わってしまう

	A	B					G	H
1								
2	支社名	(すべて)						
3								
4	合計 / 金額	列ラベル						
5	行ラベル	カップ麺詰め合わせ	カフェオーレ	コーンスープ	ココア	ドリップコーヒー	ミネラルウォーター	紅茶
6	2022年	12,123,000	17,068,000	6,412,500	2,262,000	26,875,000	16,186,800	14,148,000
7	2023年	13,581,000	16,957,500	7,222,500	2,671,500	23,865,000	17,933,400	15,957,000

	A	B	C	D	E	F	G	H
1								
2	支社名	さいたま支社						
3								
4	合計 / 金額	列ラベル						
5	行ラベル	カフェオーレ	コーンスープ	ココア	ドリップコーヒー	ミネラルウォーター	総計	
6	2022年	13,260,000	67,500	2,028,000	16,931,250	2,103,300	34,390,050	
7	2023年	16,702,500		2,203,500	23,542,500	2,300,100	44,748,600	

オプションで列の幅を固定にする

　列ラベルの商品名が余裕を持って表示されるよう、該当する列の幅をあらかじめ変更しておきます。ここでは、B～K列を選択し、選択した列のいずれかの列番号の右境界線でドラッグして、長い商品名でも確実に表示される幅に変更します（図6-77）。

図6-77　ゆとりを持たせた列幅に変更しておく

　ピボットテーブルの任意のセルを右クリックし、表示されたショートカットメニューから「ピボットテーブルのオプション」を選択します。「ピボットテーブルオプション」ダイアログボックスが開いたら、「レイアウトと書式」タブの「更新時に列幅を自動調整する」のチェックを外して「OK」をクリックします。これで、列ラベルの項目が変わっても、現在の列幅がそのまま維持されるようになります（図6-78）。

図6-78　列幅が自動調整されないように設定を変更する

6-4-5 ピボットテーブルを 通常の表としてコピーする

ピボットテーブルの集計結果を資料などに盛り込むには、ピボットテーブルをコピーしましょう。集計元データが格納されたリストから切り離して、集計結果の表だけをコピーする方法を知っておくと便利です。

ピボットテーブルを元の表と切り離してコピーしたい

ピボットテーブルは、「コピー」、「貼り付け」の機能を使えば、通常の表と同じようにコピーを作れます。集計した内容を別のシートで二次的に利用したいときに役立ちます。

ただし、ピボットテーブルは元表であるリストと連結されているので、通常の方法でコピーすると、リストのシートへのリンクが設定されてしまいます。得られた集計結果だけを再利用したい場合は、ピボットテーブルを「値」に変換して貼り付けましょう。なお、値には罫線などの書式が含まれないため、貼り付け後に、書式を整える必要があります（図6-79）。

図6-79 通常の表としてコピーしたピボットテーブルの例

	A	B	C	D	E	F	G	H	I	J
1	●支社別売上									
2										
3	年	分類	さいたま支社	浦安支社	横浜支社	新宿支社	前橋支社	本社	総計	
4		お茶	0	0	14,848,650	8,557,650	3,072,600	0	26,478,900	
5	2022年	コーヒー	30,191,250	17,960,000	3,553,000	255,000	933,750	25,350,000	78,243,000	
6		その他	4,198,800	6,164,700	5,380,800	5,741,400	0	15,498,600	36,984,300	
7	2022年 集計		34,390,050	24,124,700	23,782,450	14,554,050	4,006,350	40,848,600	141,706,200	
8		お茶	0	0	16,710,300	9,498,600	3,211,650	0	29,420,550	
9	2023年	コーヒー	40,245,000	0	0	255,000	622,500	30,900,000	72,022,500	
10		その他	4,503,600	6,799,800	6,324,300	7,209,000	0	16,571,700	41,408,400	
11	2023年 集計		44,748,600	6,799,800	23,034,600	16,962,600	3,834,150	47,471,700	142,851,450	
12	総計		79,138,650	30,924,500	46,817,050	31,516,650	7,840,500	88,320,300	284,557,650	
13										

ピボットテーブルをコピーして値として貼り付ける

ピボットテーブルをドラッグして選択し、「ホーム」タブの「コピー」をクリックします（図6-80）。

図6-80　ピボットテーブルをコピーする

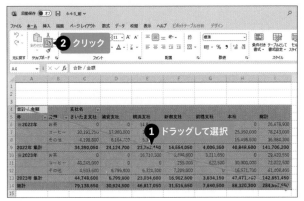

ONE POINT

ピボットテーブル全体をドラッグ操作で選択しづらい場合は、ピボットテーブル内の任意のセルをクリックし、「ピボットテーブル分析」タブの「アクション」→「選択」→「ピボットテーブル全体」の順にクリックすると、ピボットテーブル全体を正確に範囲選択できます。

COLUMN　コピー前にピボットテーブルのレイアウトを整えておく

コピーした後の修正作業を極力減らすには、ピボットテーブルをコピーする前に、次の2点の設定をあらかじめ変更しておくとよいでしょう。

・ピボットテーブルのレイアウトを「表形式」に変更しておくと、コピー後に見出しをセル結合するといった表の編集がしやすいレイアウトになります。

・空欄のセルに「0」を表示しておくと、コピー後に表の空欄に「0」を入力する手間が省けます。

参照→ **4-3-2** 見出しや小計のレイアウトを変更する

参照→ **6-4-3** 集計値の空欄に「0」を表示する

図6-81　値として貼り付けをする

　　貼り付け先のシートを表示して、貼り付け先のセル（A2）を選択し、「貼り付け」下の▼→「値と数値の書式」を選択します（**図6-81**）。

　これで、ピボットテーブル内の文字と数値のデータだけがコピーされます。ただし、列幅が足りない場合は、数値が「#」で表示されてしまいます。その場合は、該当する列（C列～I列）を選択して、いずれかの列番号の右境界線でダブルクリックすると、列幅が広がり、数値が正しく表示されるようになります（**図6-82**）。

　その後、罫線や塗りつぶしなどの書式を適宜設定することで、**図6-79**のような表が完成します。

図6-82　リストから切り離された集計値が貼り付けされた

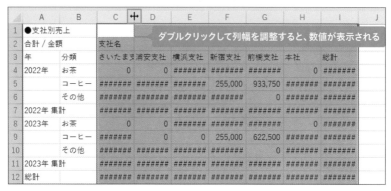

第-7-章
ここで差がつく！応用的な分析手法（ケーススタディ）

7-1-1 データから問題の原因を探るポイント

ピボットテーブルは、集計値から問題点を見つけ出し、その原因や解決策を探る「データ分析」にも威力を発揮します。これまでもいくつかの手法を紹介してきましたが、ここからはより本格的にデータ分析での活用法を見ていきましょう。

データ分析には「問題点」、「仮説」、「検証」が必要

　ピボットテーブルで集計表を作成したら、そこから**データの特徴や傾向を**読み取りましょう。そうすることによって日々の販売記録などから、現状の問題点やその解決につながるヒントが見つかることも少なくないからです。この章では、そんなデータ分析に役立つ代表的な手法について紹介します。

　一般に、ピボットテーブルを使ったデータ分析は、**図7-1**のような流れで行います。

　まずはピボットテーブルの集計結果を確認し、そこから**「問題点」**を見つけ出します。次に、その問題点を解決するために必要となる原因や解決策を考えましょう。これが**「仮説」**です。そしてさらに、その仮説の裏付けにはどのようなデータが必要なのかを考えます。最後に、裏付けとなるデータが実際に得られるかどうかをExcel上で**「検証」**し、仮説の正誤を判定します。この検証作業にもピボットテーブルの操作を利用します。

図7-1　ピボットテーブルを使ったデータ分析の流れ

ピボットテーブルから「問題点」を見つける　➡　問題点の原因や解決策の「仮説」を立てる　➡　仮説を証明するデータが得られるかどうかを「検証」する

ここで差がつく！応用的な分析手法（ケーススタディ）

「問題点」や「仮説」とは?

　では、具体的な「問題点」や「仮説」の例を見てみましょう。

　本書では、法人向けにコーヒーやお茶などの飲料を取り扱うメーカー（「自社」とします）が、顧客の職場に常備するための商品を定期的に受注した際の売上データを題材にしています。

　図7-2のピボットテーブルでは、行ラベルに「分類」フィールドを、列ラベルに「日付」の「年」フィールドを指定して、商品分類ごとに売上金額を合計しています。2022年と2023年の売上金額を比較すると、3つの分類のうち「コーヒー」だけは売上額が2023年に減少していることがわかります。これが「問題点」となります。

問題点	他の商品分類では売上金額が増加しているのに、主力商品である「コーヒー」では売上金額が減少している。

図7-2　分析対象となる問題点の例

　次に、この「問題点」の原因や解決策についても仮説を立ててみましょう。

　オフィス飲料の主力であるコーヒーの分野はもともと激戦です。さらに、2023年になってライバルの大手飲料メーカー2社が相次いでコーヒーのヒット商品を発売し、シェアにおいて自社は大きく差を付けられている現状があります。そこで、次のような2つの仮説を立ててみました。

仮説1	分類「コーヒー」の中でも、ライバル2社の新商品と競合する商品「無糖コーヒー」の売上が下降傾向にあるのではないか。

CHAPTER 7 / SECTION 1 / ITEM 1　データから問題の原因を探るポイント

0
1
2
3
4
5
6
7
8

こ
こ
で
差
が
つ
く
！
応
用
的
な
分
析
手
法
（
ケ
ー
ス
ス
タ
デ
ィ
）

> **仮説2** 分類「コーヒー」の販売は、ライバル2社の主力営業基盤である南関東エリアで特に苦戦しているのではないか。

　「仮説1」が成り立つ場合は、商品別に売上の変化を集計すると、「無糖コーヒー」の金額が下がっていることが予想されます。また、「仮説2」が成り立つ場合は、販売エリア別にコーヒーの売上を集計すると、南関東エリアの数値が低い結果が出ることが想定されます。

　まずは、この2つの仮説が成り立つかどうかを、ピボットテーブルの機能を使って確認しましょう。これが「検証」です。仮説の正誤を検証した分析結果が、2024年に売上の挽回をはかるための対策を考えるうえでヒントになるでしょう。

分析の3つの手法

　ピボットテーブルを使った代表的な分析の手法には、次の3つがあります。それぞれの特徴を理解したうえで使い分けましょう。

ドリルダウン

ドリルで穴を開けて深い階層へ潜っていくように、**大きなレベルの集計から小さなレベルの集計へと基準を掘り下げて、詳細な集計結果を見てゆく**手法です。

参照→ 7-2 ドリルダウンを活用する

ダイス分析

ダイス（さいころ）を転がすように、**集計に使う軸をさまざまに変えて、集計結果に表れる傾向を探る**手法です。

参照→ 7-3 ダイス分析を活用する

スライス分析

データの一面を切り取って（スライス）、集計値を確認する手法です。特定の商品や顧客に着目して、その傾向を見たいときなどに使用します。

参照→ 7-4 スライス分析を活用する

7-2-1 特定のデータを掘り下げてゆく「ドリルダウン」

ドリルダウンでは、対象を絞り込みながら集計値を確認します。特定の「分類」からその一部の「商品名」へ、さらにその商品が販売された「日付」へと集計値を順に確認したいときなどに利用できます。

ドリルダウンで分析したい内容を掘り下げる

「ドリルダウン」とは、ドリルで穴を開けて深いところへ潜っていくように、気になるデータ項目の集計内容を上位の階層から下位の階層へと掘り下げてゆく手法です。

図7-3の一番上の表では、それぞれの地区の売上金額を商品分類別に集計しています。ここから「分類C」に着目してその詳細を調べるには、その下にあるような集計表を作ります。さらに、この集計結果を見て「商品Y」が気になったのでその販売額を細かく調べたいという場合は、一番下のような集計表を作ります。このように気になる項目をピックアップして細部を掘り下げてゆくのがドリルダウンです。

なお、ドリルダウンの反対で、詳細なレベルの集計から全体レベルの集計へと、上位の階層にさかのぼって集計結果を確認することを「ドリルアップ」と言います。

✎ COLUMN 階層を意識して操作しよう

ドリルダウンをピボットテーブルで実践するには、上位の階層から下位の階層へと集計内容を展開する操作を行います。ピボットテーブルでは、「分類」と「商品名」のような上位と下位が固定的な階層だけでなく、フィールド間に明らかな上位・下位の関係がない階層も見出しにすることができるので、より自由度の高いドリルダウン分析ができます。階層を意識しながらドリルダウン・ドリルアップの操作をしてみましょう。

参照➔ **4-1-1** 階層とは

図7-3　ドリルダウン・ドリルアップの仕組み

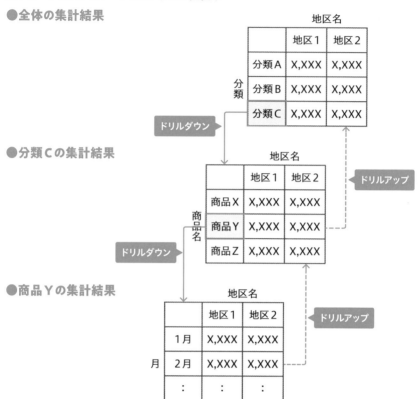

●全体の集計結果

●分類Cの集計結果

●商品Yの集計結果

特定の商品分類の詳細を分析する

　ここでは、7-1で説明した下記の「問題点」と「仮説」を踏まえて、次のようにドリルダウンを使った分析を行います。

問題点	他の商品分類では売上金額が増加しているのに、主力商品である「コーヒー」では売上金額が減少している。

仮説1	分類「コーヒー」の中でも、ライバル2社の新商品と競合する商品「無糖コーヒー」の売上は下降傾向にあるのではないか。

そこで、図7-4のBeforeのピボットテーブルで分類「コーヒー」の詳細を
ドリルダウンで表示します。

さらに、「無糖コーヒー」の詳細を調べて、この仮説が成り立つかどうかを
検証します。最終的なドリルダウンの分析結果はAfterのピボットテーブル
のようになり、「無糖コーヒー」の売上が、2023年は下降傾向にはないため、
「仮説1」は正しくないことが判明します。ドリルダウンを使った詳しい操作の
手順は7-2-2で紹介します。

図7-4　ドリルダウンで特定のデータを掘り下げる

Before

	A	B	C	D
1				
2				
3	合計 / 金額	列ラベル ▼		
4		⊞2022年	⊞2023年	総計
5				
6	行ラベル ▼			
7	お茶	26,478,900	29,420,550	55,899,450
8	コーヒー	78,243,000	72,022,500	150,265,500
9	その他	36,984,300	41,408,400	78,392,700
10	総計	141,706,200	142,851,450	284,557,650

After

	A	B	C	D
1				
2				
3	合計 / 金額	列ラベル ▼		
4		⊞2022年	⊞2023年	総計
5	行ラベル ▼			
6	⊞お茶	26,478,900	29,420,550	55,899,450
7	⊟コーヒー	78,243,000	72,022,500	150,265,500
8	⊞カフェオーレ	17,068,000	16,957,500	34,025,500
9	⊞ドリップコーヒー	26,875,000	23,865,000	50,740,000
10	⊟無糖コーヒー	34,300,000	31,200,000	65,500,000
11	第1四半期	8,700,000	7,200,000	15,900,000
12	第2四半期	10,550,000	7,050,000	17,600,000
13	第3四半期	8,000,000	7,650,000	15,650,000
14	第4四半期	7,050,000	9,300,000	16,350,000
15	⊞その他	36,984,300	41,408,400	78,392,700
16	総計	141,706,200	142,851,450	284,557,650

7-2-2 「商品分類」から「商品名」へと集計表を掘り下げる

実際にドリルダウンに挑戦してみましょう。ピボットテーブルでは、行ラベルや列ラベルの項目をダブルクリックするだけで、関連するフィールドを順に展開して、詳細な集計内容を確認できます。
※ここでの分析の概要については、7-2-1を参照してください。

ドリルダウンを行う

　ピボットテーブルでドリルダウンを行うには、行ラベルや列ラベルで詳細を調べたい項目をダブルクリックします。ダブルクリックするだけで、ピボットテーブルの行ラベルや列ラベルのフィールドを変更しなくても、その内訳となる集計内容を順に展開して確認できます。

　まず、売上金額が2023年になって減少している「コーヒー」のセル（ここではA8セル）をダブルクリックします（**図7-5**）。

図7-5 「詳細データの表示」ダイアログボックスを開く

　「詳細データの表示」ダイアログボックスが開くので、フィールドの一覧から詳細を展開表示したいフィールドを選択します。ここでは分類「コーヒー」に属する各商品の売上金額を調べたいため、「商品名」を選択して、「OK」をクリックします（**図7-6**）。

図7-6　詳細データを表示する項目を選択する

　分類「コーヒー」の下（9〜11行目）に、各商品の商品名と売上金額が表示されます。これを見ると、どの商品も2023年になって金額が減少していることがわかります。

　続けて、ライバル社と競合している「無糖コーヒー」の売上を四半期ごとに確認したいので、「無糖コーヒー」のセル（A11セル）をダブルクリックします（**図7-7**）。

図7-7　さらに「詳細データの表示」ダイアログボックスを開く

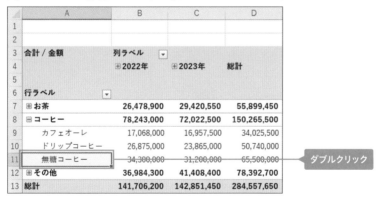

　再び「詳細データの表示」ダイアログボックスが開きます。今度は、フィールドの一覧から「四半期」を選択して、「OK」をクリックします（**図7-8**）。

図7-8　さらに詳細データを表示する項目を選択する

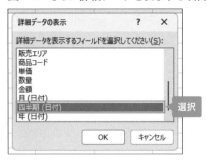

「無糖コーヒー」の下（11〜14行目）に、四半期ごとの売上金額が展開されます。

C11からC14セルの数値を見ると、2023年の四半期別の売上金額は減少傾向ではなく、逆に増加していることがわかります（図7-9）。したがって、「仮説1」の「ライバル2社の新商品と競合する『無糖コーヒー』の売上は下降傾向にある」は正しくないことが判明します。

分類「コーヒー」の他の商品でも、同様にピボットテーブル内の列見出しのセルをダブルクリックすれば、四半期ごとの売上の詳細を確認できます。

図7-9　特定の商品の詳細データが表示された

	A	B	C	D
1				
2				
3	合計 / 金額	列ラベル		
4		⊞2022年	⊞2023年	総計
5	行ラベル			
6	⊞お茶	26,478,900	29,420,550	55,899,450
7	⊟コーヒー	78,243,000	72,022,500	150,265,500
8	⊞カフェオーレ	17,068,000	16,957,500	34,025,500
9	⊞ドリップコーヒー	26,875,000	23,865,000	50,740,000
10	⊟無糖コーヒー	34,300,000	31,200,000	65,500,000
11	第1四半期	8,700,000	7,200,000	15,900,000
12	第2四半期	10,550,000	7,050,000	17,600,000
13	第3四半期	8,000,000	7,650,000	15,650,000
14	第4四半期	7,050,000	9,300,000	16,350,000
15	⊞その他	36,984,300	41,408,400	78,392,700
16	総計	141,706,200	142,851,450	284,557,650

2023年の売上は増加している

ドリルアップでピボットテーブルを元に戻す

ドリルダウンとは反対に、詳細な項目のセルを折りたたんで全体を表示する分析を「ドリルアップ」と言います。今度は、ドリルアップを使って、ドリルダウンする前の状態にピボットテーブルを戻しましょう。

これには、詳細のフィールドを展開したセルの先頭に表示された「－」のボタンをクリックします。「無糖コーヒー」の詳細を折りたたむには、A10セルの「－」ボタンをクリックします（**図7-10**）。

図7-10 「－」ボタンでドリルアップする

	A	B	C	D
1				
2				
3	合計 / 金額	列ラベル		
4		⊞2022年	⊞2023年	総計
5	行ラベル			
6	⊞お茶	26,478,900	29,420,550	55,899,450
7	⊟コーヒー	78,243,000	72,022,500	150,265,500
8	⊞カフェオーレ	17,068,000	16,957,500	34,025,500
9	⊞ドリップコーヒー	26,875,000	23,865,000	50,740,000
10	⊟無糖コーヒー	34,300,000	31,200,000	65,500,000
11	第1四半期	8,700,000	7,200,000	15,900,000
12	第2四半期	10,550,000	7,050,000	17,600,000
13	第3四半期	8,000,000	7,650,000	15,650,000
14	第4四半期	7,050,000	9,300,000	16,350,000
15	⊞その他	36,984,300	41,408,400	78,392,700
16	総計	141,706,200	142,851,450	284,557,650

クリック

「無糖コーヒー」の詳細が折りたたまれました。続けて、「コーヒー」の詳細を折りたたむので、A7セルの「－」ボタンをクリックします（**図7-11**）。これで、ドリルダウンを開始する前の状態に戻ります。

図7-11 さらにドリルアップしてドリルダウン前の状態に戻す

	A	B	C	D
1	クリック			
2				
3	合計 / 金額	列ラベル		
4		⊞2022年	⊞2023年	総計
5	行ラベル			
6	⊞お茶	26,478,900	29,420,550	55,899,450
7	⊟コーヒー	78,243,000	72,022,500	150,265,500
8	⊞カフェオーレ	17,068,000	16,957,500	34,025,500
9	⊞ドリップコーヒー	26,875,000	23,865,000	50,740,000
10	⊞無糖コーヒー	34,300,000	31,200,000	65,500,000
11	⊞その他	36,984,300	41,408,400	78,392,700
12	総計	141,706,200	142,851,450	284,557,650

ONE POINT

「－」ボタンが「＋」の状態のときは、クリックするとその項目の詳細が展開されます。

7-3-1 さまざまな視点から傾向を探る「ダイス分析」

「ダイス分析」とは、クロス集計表の行見出しと列見出しの組み合わせを変えて、集計結果を比較する手法です。販売エリア別、支社別、商品名別……と軸をさまざまに変えて、違う方面から売上の傾向を見たいときなどに利用します。

ダイス分析で集計の「軸」を変更する

「ダイス分析」とは、さいころの面を変えるように、**分析に使う「軸」を変化させる**手法です。ピボットテーブルで作成したクロス集計表では、行ラベルと列ラベルの2つの軸に集計の基準となるフィールドを指定します。

ダイス分析では、この行ラベルと列ラベルのフィールドをさまざまに変更して、集計結果がどのように変わるかを比較・検討します（**図7-12**）。

図7-12 ダイス分析の仕組み

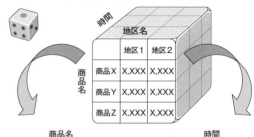

軸を変えて商品の売上が低下している原因を探る

ここでは、7-1で説明した「問題点」と「仮説」を踏まえて、次のようにダイス分析を行います。

> **問題点** 他の商品分類では売上金額が増加しているのに、主力商品である「コーヒー」では売上金額が減少している。

図7-13のBeforeのピボットテーブルを見ると、コーヒーだけは売上金額が2022年から2023年にかけて下がっています。このことから、上のような問題点を読み取ることができます。そこで次のような仮説を立てました。

> **仮説2** 分類「コーヒー」の販売は、ライバル2社の主力営業基盤である南関東エリアで特に苦戦しているのではないか。

この「仮説2」が成り立つかどうかを、ダイス分析を使って検証しましょう。

ダイス分析の結果はAfterのようになります。現在、「年」が表示されている列ラベルのフィールドを「販売エリア」に変更し、さらに「販売エリア」の下位レベルに「支社名」を追加すると、このように各支社の分類別売上金額を比較できます。

なお、ダイス分析の詳しい操作の手順は7-3-2で紹介します。

図7-13 集計フィールドを変更してダイス分析をする

Before

合計 / 金額	列ラベル		
行ラベル	⊞2022年	⊞2023年	総計
⊞お茶	26,478,900	29,420,550	55,899,450
⊞コーヒー	78,243,000	72,022,500	150,265,500
⊞その他	36,984,300	41,408,400	78,392,700
総計	141,706,200	142,851,450	284,557,650

After

合計 / 金額	列ラベル							
	⊟東京都内		東京都内 集計	⊟南関東		南関東 集計	⊟北関東	
行ラベル	新宿支社	本社		浦安支社	横浜支社		さいたま支社	
⊞お茶	18,056,250		18,056,250		31,558,950	31,558,950		
⊞コーヒー	510,000	56,250,000	56,760,000	17,960,000	3,553,000	21,513,000	70,436,250	
⊞その他	12,950,400	32,070,300	45,020,700	12,964,500	11,705,100	24,669,600	8,702,400	
総計	31,516,650	88,320,300	119,836,950	30,924,500	46,817,050	77,741,550	79,138,650	

7-3-2 「販売エリア」を軸に ピボットテーブルを変形する

実際にダイス分析に挑戦してみましょう。「ピボットテーブルのフィールド」作業ウィンドウを使って行ラベルや列ラベルのフィールドを変更すると、行と列の2方向の見出しに使う集計の基準を変更できます。
※ここで分析する内容の概要については、7-3-1を参照してください。

ダイス分析を行う

　ピボットテーブルでダイス分析を行うには、行ラベルや列ラベルに表示するフィールドを変更します。なお、行方向や列方向の軸の内容を変更すると、それに伴って集計結果も自動で変わります。

　まず、列ラベルのフィールドを「日付」の「年」から「販売エリア」に変更します。ピボットテーブル内の任意のセルをクリックし、「ピボットテーブルのフィールド」作業ウィンドウの列ボックスから「年」と「月」をボックスの外へドラッグして削除します。次に、「販売エリア」を列ボックスにドラッグして追加します（図7-14）。

図7-14　列ボックスを「販売エリア」に入れ替える

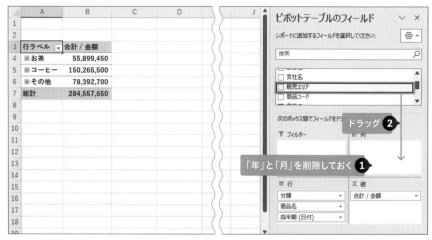

ここで差がつく！応用的な分析手法（ケーススタディ）

列ラベル（ここではB4～D4セル）に「販売エリア」フィールドが追加されると、ピボットテーブルには、それぞれの商品分類の売上金額が販売エリア別に表示されます。

C6セルを見ると、たしかに「南関東」の「コーヒー」の売上金額は、他のエリアに比べて大幅に低いことがわかります。これを見る限り「仮説2」の内容はどうやら正しいようです。

今度は、「販売エリア」の下に「支社名」フィールドを配置して、支社レベルでの詳細な売上金額を比較してみましょう。「ピボットテーブルのフィールド」作業ウィンドウのフィールドセクションから、「支社名」を列ボックスの「販売エリア」の下までドラッグします（**図7-15**）。

図7-15 列ボックスに「支社名」を追加して詳細を確認する

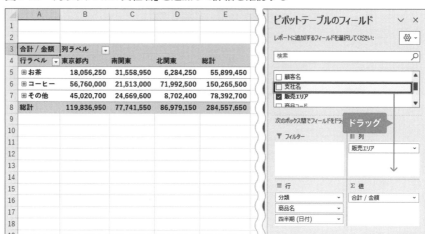

列ラベルの「販売エリア」の下（B5～I5セル）に支社名が追加されました。集計値の欄にも支社別の金額が表示され、**図7-13**のAfterのようなピボットテーブルに変わります。

図7-16を見ると、たしかに南関東エリアの「横浜支社」の売上（F7セル）が低いことがわかります。ただし、「新宿支社」（B7セル）や「前橋支社」（I7セル）の売上も低いことから、必ずしも南関東エリアだけで苦戦しているわけではないようです。したがって「仮説2」は部分的には正しくないことがダイス分析により判明します。

今度は、コーヒーの売れ行きがよくない「横浜支社」、「新宿支社」、「前橋支社」について、「スライス分析」でさらに詳しく見ていきましょう。

参照→ **7-4-2** 特定の「支社」でピボットテーブルを切り出す

参照→ **7-4-3** 複数のフィールドを指定してさらに細かく分析する

図7-16　ダイス分析により判明した問題点をさらに分析していく

これらの支社の売上が低い

7 - 4 - 1 特定の部分に着目して集計表を切り出す「スライス分析」

スライス分析とは、データの一面を薄く切り取るような形で参照する分析手法です。地区別、年別に売上金額を集計した表から、特定の商品の集計値だけを抜き出して分析したいといった場合に利用します。

スライス分析で特定のデータを切り取る

「スライス分析」とは、その名前の通り、データの一面を薄く切るように参照する手法のことです。

図7-17は、地区名と日付を項目見出しにして売上金額をまとめた集計表の例です。これは全商品を対象にした集計結果ですが、ここから、「商品X」の売上だけを対象にした集計結果を知りたい場合に使うのがスライス分析です。分析した結果、下の表のように「商品X」の売上データだけを対象にした集計値が求められます。

図7-17 スライス分析の仕組み

●全体の集計結果

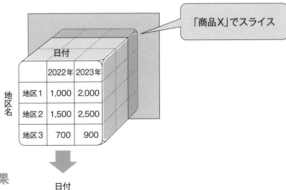

●「商品X」の集計結果

	日付	
	2022年	2023年
地区1	600	1,200
地区2	700	1,400
地区3	300	500

（地区名）

「スライサー」、「タイムライン」で支社や顧客を抽出

ピボットテーブルでスライス分析をするには、抽出の操作を実行します。抽出には、第5章で解説した「フィルター」や「レポートフィルター」も利用できますが、「スライサー」や「タイムライン」というスライス分析用のツールを使うとより直感的に操作でき、さまざまに条件を変えてのシミュレーションが簡単にできます。

7-1では、下記のような「問題点」があることを説明しました。

問題点	他の商品分類では売上金額が増加しているのに、主力商品である「コーヒー」では売上金額が減少している。

これを踏まえて7-3-2でダイス分析を行った結果、「コーヒー」の売上が低迷しているのは「横浜支社」、「新宿支社」、「前橋支社」の3社であることが判明しました。そこで「スライサー」を使って、この3社の売上データを個別に抽出し、集計結果を比較します（図7-18）。

参照→ **7-4-2** 特定の「支社」でピボットテーブルを切り出す

参照→ **7-4-3** 複数のフィールドを指定してさらに細かく分析する

図7-18　スライサーで集計結果を比較する

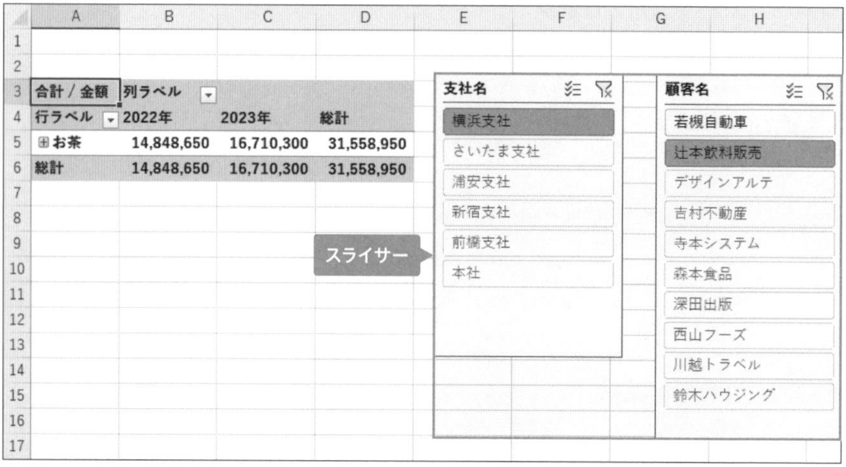

さらに、「タイムライン」を使うと、時間軸での抽出ができます（図7-19）。横浜支社の売上データから、コーヒーの販売がなかった期間がいつからいつまでなのかを、タイムラインを使って割り出してみましょう。

参照→ **7-4-4** 時間軸で分析する「タイムライン」

図7-19 スライサーとタイムラインでデータを抽出する

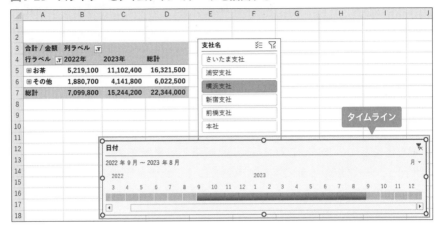

7-4-2 特定の「支社」でピボットテーブルを切り出す

スライス分析には、「スライサー」が便利です。スライサーとはフィールドごとに用意されたカード状の抽出機能で、項目のボタンをクリックするだけで特定の支社や商品の集計結果をすばやく抽出できます。

「スライサー」でスライス分析を行う

「スライサー」は、フィールドごとに表示される抽出用ツールで、カードのような形をしています。これを使えば、項目のボタンをクリックするだけで、ピボットテーブルの集計内容を抽出できます。また、現在の抽出の状態がボタンの色の違いからすぐにわかるため、**スライス分析で抽出の対象を変えて次々に結果を調べる場合に役立ちます。**

図7-20は、横浜支社の集計値をスライサーで抽出したピボットテーブルです。

ここでは、7-3-2の結果、コーヒーの販売額が少ないことがわかった3つの支社「横浜支社」、「新宿支社」、「前橋支社」の売上データを、スライサーを使って個別に抽出し、比較します。

参照→ **5-2** 特定の行や列のデータを表示する

図7-20　スライサーで3つの支社のデータを比較する

	A	B	C	D	E	F
1						
2					支社名　⅀⅔ ▽	
3	合計 / 金額	列ラベル ▽			さいたま支社	
4	行ラベル ▽	2022年	2023年	総計	浦安支社	
5	⊞ お茶	14,848,650	16,710,300	31,558,950	横浜支社	
6	⊞ コーヒー	3,553,000		3,553,000	新宿支社	
7	⊞ その他	5,380,800	6,324,300	11,705,100	前橋支社	
8	総計	23,782,450	23,034,600	46,817,050	本社	
9						
10						
11						
12						

STEP 1 「支社名」のスライサーを表示する

スライサーで抽出するには、まず、抽出の条件に使いたいフィールドのスライサーをシートに表示します。ピボットテーブル内の任意のセルを選択し、「ピボットテーブル分析」タブの「スライサーの挿入」をクリックします（図7-21）。

図7-21 「スライサーの挿入」ダイアログボックスを開く

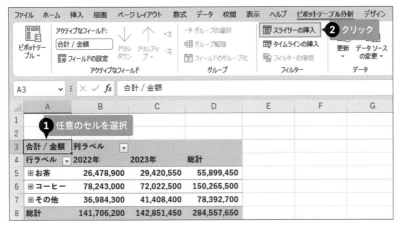

「スライサーの挿入」ダイアログボックスが開いたら、抽出に使うフィールドを選択します。ここでは「支社名」にチェックを入れて「OK」をクリックします（図7-22）。

図7-22 スライサーで抽出するフィールドを選択する

STEP 2 横浜支社の売上データを抽出する

「支社名」フィールドのスライサーがシートに表示され、スライサーにはそのフィールドの項目のボタンが並びます。ここでボタンの色が濃くなっている項目がピボットテーブルで集計される対象になります。スライサーを挿入した直後は、すべてのボタンが濃い色で表示され、まだ抽出は行われていない状態です。「横浜支社」のボタンをクリックします（図7-23）。

図7-23　スライサーで集計データを絞り込む

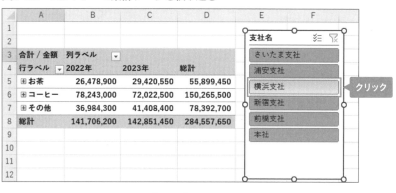

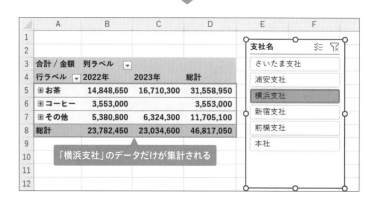

スライサーの「横浜支社」だけが濃い色になります。これで「『支社名』フィールドが『横浜支社』である」という条件で抽出が行われ、ピボットテーブルの内容は、横浜支社の売上データだけを対象にした集計結果に変わります。

抽出された集計結果を見ると、C6セルが空欄になっています。これは、横浜支社では2023年にはコーヒーの販売がなかったためです。このように、

スライス分析を行うことで、これまで見えていなかった事実が見つかることがあります。

同様に、新宿支社の売上を確認するには、スライサーで「新宿支社」のボタンをクリックします。「新宿支社」のボタンだけが濃い色になり、ピボットテーブルの内容が新宿支社の売上の集計に変わります（**図7-24**）。

図7-24　スライサーで別のデータに切り替える

👍 **ONE POINT**

「『新宿支社』と『横浜支社』」のように、複数の項目でピボットテーブルの集計内容を抽出することもできます。その場合は、スライサーで「新宿支社」のボタンをクリックした後、「Ctrl」キーを押したまま「横浜支社」のボタンをクリックします。

同じようにスライサーで「前橋支社」のボタンをクリックすると、ピボットテーブルの集計内容は前橋支社の売上だけを対象にした集計結果に変わります。

⚠ **CAUTION**

スライサーでの抽出を解除するには、スライサー右上の「フィルターのクリア」ボタンをクリックします。また、スライサーをクリックして選択し、「Delete」キーを押すと、スライサー自体をシートから削除できます。ただし、抽出を解除せずにスライサーを削除すると、ピボットテーブルにそのフィールドを再び追加した際、抽出された状態が残ったままになります。スライサーを削除する前には、抽出を解除しておきましょう。

7 - 4 - 3 複数のフィールドを指定してさらに細かく分析する

> スライサーは複数表示できます。「支社名」のスライサーに加えて、「顧客名」のスライサーを表示すると、複数のフィールドで抽出したい項目を指定して、その両方を満たす集計結果だけを表示することができます。

原因特定のためにもっと細かくスライス分析を行う

STEP 1 複数のスライサーで集計値を絞り込む

スライサーを使ってAという商品の集計結果を抽出し、そこからさらにBという得意先の売上だけを対象に集計結果を絞り込みたい。そんなときは、「商品名」フィールドのスライサーに加えて、「顧客名」フィールドのスライサーを表示します。2枚のスライサーを並べて表示し、商品名Aと得意先名Bをそれぞれのスライサーから選択すると、その両方を満たす集計結果だけを抽出できます。

図7-23で「支社名」フィールドのスライサーを使って横浜支社の売上を抽出すると、2023年のコーヒーの金額欄が空欄になり、この年、横浜支社ではコーヒーの販売実績がなかったことがわかりました。そこで、2023年の横浜支社の売上状況を、顧客別にさらに細かく確認しましょう。

まず、「顧客名」フィールドのスライサーを追加して、顧客名での抽出ができるようにします。図7-21、図7-22の手順で「顧客名」フィールドのスライサーを追加した直後の状態が図7-25です。

● ONE POINT

「顧客名」のスライサーを追加すると、項目が多くてすべてのボタンが表示されないため、スクロールバーが表示されます。抽出をスムーズに行うために、スライサーの下境界線にマウスポインターを合わせて下にドラッグし、すべてのボタンが表示される高さまでスライサーを拡大しておきましょう。

図7-25　スライサーをもう1つ追加してデータを絞り込む

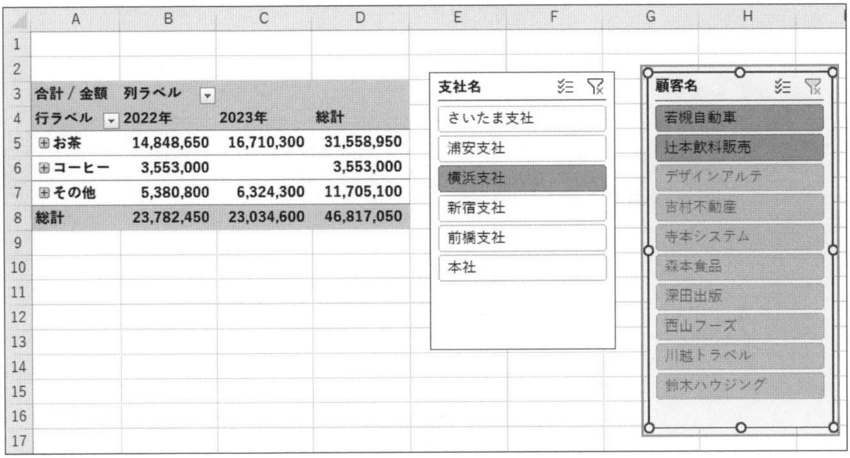

このように、「支社名」フィールドのスライサーを使って「横浜支社」で抽出した状態で「顧客名」のスライサーを追加すると、すでに「若槻自動車」と「辻本飲料販売」の2社だけが抽出された状態になります。これは、横浜支社の担当する顧客がこの2社だけだからです。

では、追加した「顧客名」フィールドのスライサーを使って、顧客2社の売上状況を順番に確認します。

STEP2　顧客名を切り替えて抽出結果を比較する

「顧客名」フィールドのスライサーで「若槻自動車」をクリックします。これで「『支社名』が横浜支社で、なおかつ『顧客名』が若槻自動車である」という条件で、ピボットテーブルの集計値が絞り込まれます。

結果を見ると、2023年のコーヒーのセル（ここではC5セル）が空欄になっているため、若槻自動車では、同年コーヒーの売上がなかったことがわかります（図7-26）。

図7-26　条件を加えて絞り込むことで問題点の原因を特定できる

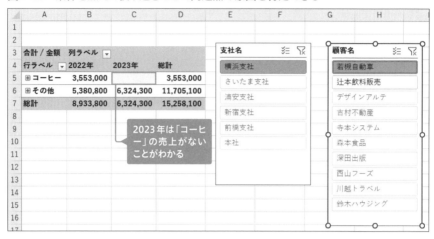

次に、「顧客名」フィールドのスライサーで「辻本飲料販売」をクリックすると、ピボットテーブルには、「コーヒー」、「お茶」、「その他」という3つの分類のうち、「お茶」の集計値だけが表示されます（**図7-27**）。このことから、辻本飲料販売では2023年だけでなく2022年もコーヒーの販売実績がなかったことになります。

横浜支社で2023年にコーヒーの売上がなかった状況をスライサーで顧客別に確認することによって、以上のような事実がわかりました。

図7-27　複数のスライサーを切り替えていくことで細かく状況を把握できる

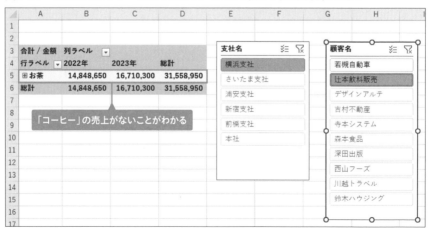

0
1
2
3
4
5
6
7
8

こ
こ
で
差
が
つ
く
！
応
用
的
な
分
析
手
法
（
ケ
ー
ス
ス
タ
デ
ィ
）

7-4-4 時間軸で分析する「タイムライン」

スライス分析をする際、「2022年9月から2023年12月まで」のように期間を指定して集計内容を抽出するには「タイムライン」が役立ちます。タイムラインは、時間軸での抽出をドラッグ操作で手軽に行うことができる機能です。

一定期間の売上を抽出したい

スライス分析では、「2023年1月から12月まで」といった**時間軸での抽出**を行いたい場合もあります。こういった期間を指定しての抽出には「タイムライン」を使うと、直感的にわかりやすく操作できます。

「タイムライン」は、期間を表すバーをドラッグして、期間を指定する抽出機能です。レポートフィルターでも年単位や月単位で抽出できますが、タイムラインなら、バーの状態を見れば、現在設定されている抽出の期間が一目でわかります（**図7-28**）。また、タイムラインは**スライサーと併用できる**ので、組み合わせて使うとスライス分析をより直感的に行えます。

参照→ **5-3** リストから特定のレコードを選んで集計する

参照→ **7-4-2** 特定の「支社」でピボットテーブルを切り出す

参照→ **7-4-3** 複数のフィールドを指定してさらに細かく分析する

図7-28 タイムラインとスライサーを併用したスライス分析

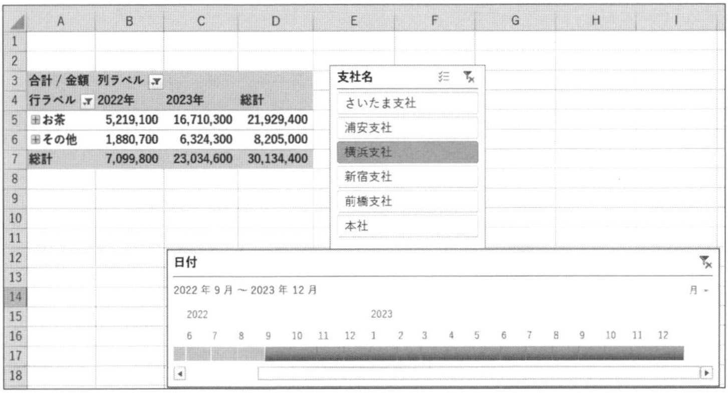

1年間の売上だけを抽出する

7-4-2でスライサーで分析した結果を見ると、横浜支社では2023年にコーヒーの売上がないため、C6セルが空欄になっています（図7-23）。今度はタイムラインを使って、横浜支社の売上データから2023年の内容だけを抽出しましょう。

まずは、タイムラインをシートに表示します。ピボットテーブル内の任意のセルを選択し、「ピボットテーブル分析」タブの「タイムラインの挿入」をクリックします（図7-29）。

図7-29 「タイムラインの挿入」ダイアログボックスを開く

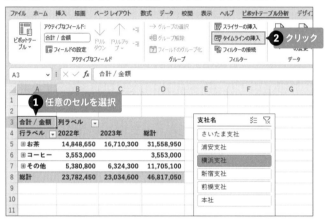

「タイムラインの挿入」ダイアログボックスが開きます。時系列のフィールドだけが一覧表示されるので、抽出に使うフィールドを選択します。ここでは「日付」にチェックを入れて「OK」をクリックします（図7-30）。

図7-30 タイムラインで抽出するフィールドを選択する

「日付」フィールドのタイムラインがシートに表示されました。タイムラインの左右の境界の中央にあるハンドル部分をドラッグすると、タイムラインの幅を広げることができます。

2023年の売上データを抽出するには、2023年1月から12月までをドラッグします。ドラッグした部分に抽出期間を示すバーが表示され、同時にピボットテーブルの内容が2023年1月から12月までの売上データを対象にした集計に変わります（図7-31）。2023年はコーヒーの売上がないため、分類「コーヒー」の行は表示されません。

図7-31　タイムラインで集計する期間を絞り込む

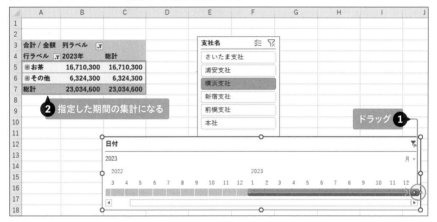

○ ONE POINT

タイムラインは、年単位や四半期単位で表示されることもあります。上記のような月単位になっていない場合は、右上の▼をクリックして「月」を選択します。

いつから売上がないのかを調べる

今度は、抽出期間の始点をさかのぼって、いつからコーヒーが売れていないのかを確認します。タイムラインの左端を左へドラッグすると、2022年8月までドラッグした時点で「コーヒー」の行が表示されます（**図7-32**）。これにより、横浜支社でコーヒーの販売がなくなったのは、2022年9月以降であることがわかりました。

このように、タイムラインを使った結果、横浜支社では、2022年9月から2023年12月までの期間、コーヒーの販売がない状況だったことが判明しました。

図7-32　期間をさかのぼりながらデータを探すことができる

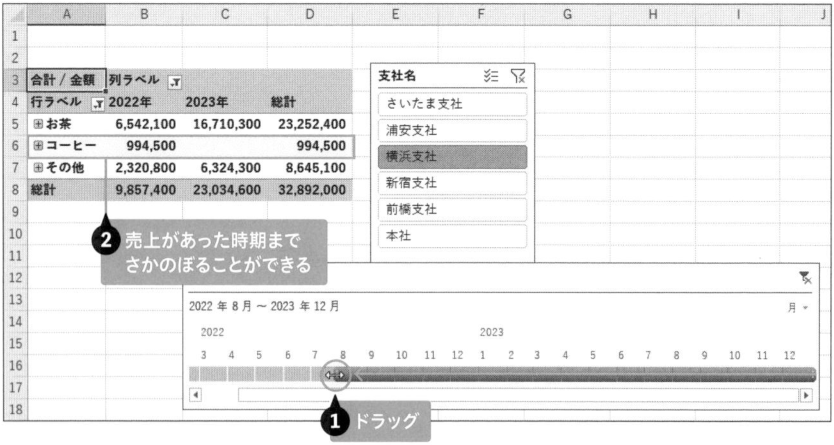

CAUTION

タイムラインでの抽出を解除するには、タイムライン右上の「フィルターのクリア」ボタンをクリックします。また、タイムラインをクリックして選択し、「Delete」キーを押すと、タイムライン自体をシートから削除できます。ただし、抽出を解除せずにタイムラインを削除すると、ピボットテーブルのデータは抽出された状態のままになります。タイムラインを削除する前に、抽出を解除しておきましょう。

第 - 8 - 章

ピボットテーブルを高度に活用する（PowerPivot）

8-1-1 Accessデータを取り込んでピボットテーブルを作成する

Accessのテーブルやクエリなどをピボットテーブルで分析するには、いったんExcelにデータをインポートします。その後、取り込んだ表をリストとして、ピボットテーブルを作成します。

Accessのデータからピボットテーブルを作成したい

　ピボットテーブルで集計できるのは、**Excel**の表だけではありません。データベースソフトであるAccessのテーブルやクエリ、CSVファイルなど、Excel以外のアプリケーションで作成した表は、「データの取得」機能を使ってExcelにインポートすると、内容のコピーが新しいシートに取り込まれます。その後、インポートした表をリストに指定すれば、通常の手順でピボットテーブルを作成できます（**図8-1**）。

　なお、インポート機能で取り込まれた表は元のデータの複製です。**Access**側でコピー元のテーブルやクエリの内容を変更しても、ピボットテーブルに影響はありません。

◗ ONEPOINT

Accessのテーブルやクエリが変更されると、ピボットテーブルも連動して最新の状態になるようにピボットテーブルを作ることもできます。これについては、「8-1-2 Accessデータとリンクしたピボットテーブルを作成する」を参照してください。

左余白：
0
1
2
3
4
5
6
7
8
ピボットテーブルを高度に活用する（PowerPivot）

図8-1　Accessデータからピボットテーブルを作成する

Accessデータ

注文コード	明細コード	日付	顧客
1101	1	2022/01/07	
1101	2	2022/01/07	
1102	3	2022/01/07	
1102	4	2022/01/07	
1102	5	2022/01/07	
1103	6	2022/01/07	
1103	7	2022/01/07	
1104	8	2022/01/07	
1104	9	2022/01/07	
1104	10	2022/01/07	
1105	11	2022/01/07	
1105	12	2022/01/07	
1106	13	2022/01/07	
1106	14	2022/01/07	
1107	15	2022/01/07	
1107	16	2022/01/07	
1107	17	2022/01/07	
1108	18	2022/01/07	
1108	19	2022/01/07	
1108	20	2022/01/07	
1108	21	2022/01/07	
1109	22	2022/01/07	
1109	23	2022/01/07	

すべての Access...

検索...

テーブル
- 顧客
- 商品
- 注文
- 明細

クエリ
- 売上一覧

ピボットテーブル

	A	B	C	D
1				
2				
3	合計 / 金額	列ラベル		
4		⊞2022年	⊞2023年	総計
5				
6				
7	行ラベル			
8	カップ麺詰め合わせ	12123000	13581000	25704000
9	カフェオーレ	17068000	16957500	34025500
10	コーンスープ	6412500	7222500	13635000
11	ココア	2262000	2671500	4933500
12	ドリップコーヒー	26875000	23865000	50740000
13	ミネラルウォーター	16186800	17933400	34120200
14	紅茶	14148000	15957000	30105000
15	煎茶	9090900	10021050	19111950
16	麦茶	3240000	3442500	6682500
17	無糖コーヒー	34300000	31200000	65500000
18	総計	141706200	142851450	284557650
19				

Accessのクエリをインポートする

ここでは、Accessのファイル「売上管理」にあるクエリ「売上一覧」をピボットテーブルで分析します。まず、クエリ「売上一覧」をExcelにインポートします。

Excelでファイルを新規作成し、「データ」タブの「データの取得」をクリックして、「データベースから」→「Microsoft Accessデータベースから」を選択します（図8-2）。

図8-2　AccessデータをExcelにインポートする

「データの取り込み」ダイアログボックスが開いたら、インポートするファイルを選択します。ここでは、「ドキュメント」フォルダーにある「売上管理」を選択し、「インポート」をクリックします（図8-3）。

図8-3 インポートするファイルを選択する

「ナビゲーター」ダイアログボックスが開いたら、左の一覧からインポートするテーブルやクエリを選択します。ここでは、「売上一覧」クエリを選択し、「読み込み」の▼をクリックして「読み込み先」を選択します（図8-4）。

図8-4 インポートするテーブルやクエリを選択する

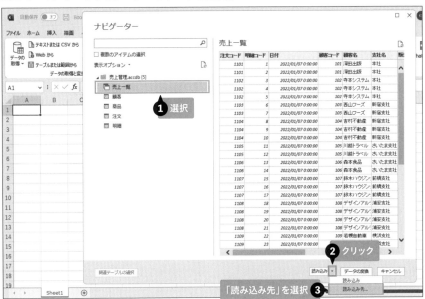

「データのインポート」ダイアログボックスが開きます。インポートしたデータの表示方法として「テーブル」を選択し、データを返す先で「新規ワークシート」を選択して、「OK」をクリックします（**図8-5**）。

図8-5　インポート先の表示設定をする

ONEPOINT

データを返す先に「既存のワークシート」を選択すると、現在選択しているシートにデータをインポートすることができます。その場合は、インポートしたデータが表示されるセル範囲の開始位置を指定します。

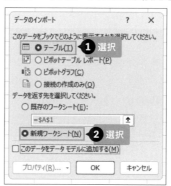

「売上一覧」というシートが追加され、Accessファイル「売上管理」の「売上一覧」クエリの内容がインポートされました。同時に「クエリと接続」作業ウィンドウが開くので、「×」ボタンをクリックして閉じておきます（**図8-6**）。

図8-6　Accessのデータがインポートされた

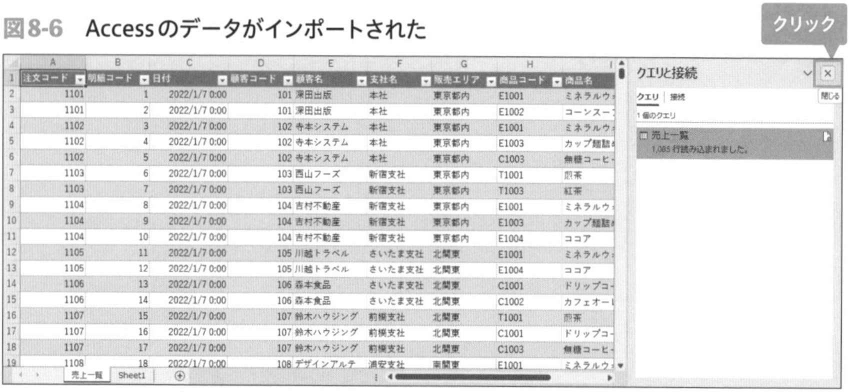

　これで、インポートしたテーブルのデータをリストとして、新規のピボットテーブルを作成できるようになります。

　ここでは、行ラベルに「商品名」フィールドを、列ラベルに「日付」フィールドを、「値」に「金額」フィールドを指定して、ピボットテーブルを作成しました（図8-7）。

図8-7　インポートしたAccessのデータからピボットテーブルを作成できた

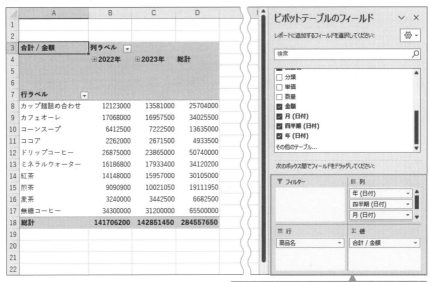

インポートしたクエリからフィールドを指定する

8-1-2 Accessデータとリンクしたピボットテーブルを作成する

Accessのテーブルやクエリの変更に合わせてピボットテーブルも更新できるようにしたい場合は、分析したいテーブルやクエリをもとに直接ピボットテーブルを作成します。日常的に管理しているAccessデータベースを分析する際に便利です。

Accessファイルから直接ピボットテーブルを作りたい

8-1-1の手順でExcelにインポートしたテーブルやクエリをもとにピボットテーブルを作成した場合は、Access側でオリジナルのデータが変更されてもピボットテーブルに変化はありません。Accessで売上管理などのデータベースを運用している場合は、**Accessデータと連動してピボットテーブルが更新されるようにしておく**と、常に最新の集計値を確認できます（図8-8）。

この場合は、ピボットテーブルを作成する際に、**Accessのテーブルやクエリを直接リストに指定**します。そうすれば、Accessのテーブルやクエリを変更した際、Excelでピボットテーブルを更新して、集計結果を最新状態にすることができます。

図8-8　Accessファイルから直接ピボットテーブルを作成する

Accessデータ

注文コード	明細コード	日付	顧客
1101	1	2022/01/07	
1101	2	2022/01/07	
1102	3	2022/01/07	
1102	4	2022/01/07	
1102	5	2022/01/07	
1103	6	2022/01/07	
1103	7	2022/01/07	
1104	8	2022/01/07	
1104	9	2022/01/07	
1104	10	2022/01/07	
1105	11	2022/01/07	
1105	12	2022/01/07	
1106	13	2022/01/07	
1106	14	2022/01/07	
1107	15	2022/01/07	
1107	16	2022/01/07	
1107	17	2022/01/07	
1108	18	2022/01/07	
1108	19	2022/01/07	
1108	20	2022/01/07	
1108	21	2022/01/07	
1109	22	2022/01/07	
1109	23	2022/01/07	

すべての Access...
検索...
テーブル
顧客
商品
注文
明細
クエリ
売上一覧

売上一覧

ピボットテーブル

	A	B	C	D
1	合計 / 金額	列ラベル		
2		⊞2022年	⊞2023年	総計
3				
4				
5	行ラベル			
6	カップ麺詰め合わせ	12123000	13581000	25704000
7	カフェオーレ	17068000	16957500	34025500
8	コーンスープ	6412500	7222500	13635000
9	ココア	2262000	2671500	4933500
10	ドリップコーヒー	26875000	23865000	50740000
11	ミネラルウォーター	16186800	17933400	34120200
12	紅茶	14148000	15957000	30105000
13	煎茶	9090900	10021050	19111950
14	麦茶	3240000	3442500	6682500
15	無糖コーヒー	34300000	31200000	65500000
16	総計	141706200	142851450	284557650
17				

Accessファイルをリストにしてピボットテーブルを作成する

　ここでは、Accessのファイル「売上管理」にあるクエリ「売上一覧」をもとにピボットテーブルを作成します。

　Excelでファイルを新規作成し、「挿入」タブの「ピボットテーブル」下の ⌄ をクリックし、「外部データソースから」をクリックします（図8-9）。

図8-9　新規ピボットテーブルを作成する

　「外部ソースからのピボットテーブル」ダイアログボックスが開きます。「接続の選択」をクリックします（図8-10）。

図8-10　「既存の接続」ダイアログボックスを開く

　「既存の接続」ダイアログボックスが開いたら、「参照」をクリックします（図8-11）。

図8-11 「データファイルの選択」ダイアログボックスを開く

「データファイルの選択」ダイアログボックスが開きます。ここで、リストとして利用したいファイルを選択します。ここでは、「ドキュメント」フォルダーにあるAccessファイル「売上管理」を選択し、「開く」をクリックします（**図8-12**）。なお、Excel2019で「データリンクプロパティ」ダイアログボックスなどが表示された場合は、「OK」をクリックして閉じます。

図8-12 リストとして利用するファイルを選択する

「テーブルの選択」ダイアログボックスが開いたら、集計の対象となるテーブルまたはクエリを選択します。ここでは、クエリ「売上一覧」を選択し、「OK」をクリックします（図8-13）。

図8-13　集計の対象となるテーブルまたはクエリを選択する

COLUMN 複数のテーブルからピボットテーブルを作成する

> 「複数のテーブルの選択を使用可能にする」にチェックを入れると、複数のテーブルやクエリを選択できます。この場合、「OK」をクリックして表示される「外部ソースからのピボットテーブル」ダイアログボックスで、「このデータをデータモデルに追加する」に自動的にチェックが入ります。その後、リレーションシップを設定すれば、Accessの複数のテーブルから直接ピボットテーブルを作成できるようになります。
>
> 参照➡ **8-2-4**「リレーションシップ」でテーブル同士を関連付ける
> 参照➡ **8-2-5** 複数テーブルからピボットテーブルを作成する

「外部ソースからのピボットテーブル」ダイアログボックスに戻り「接続名:」に指定したAccessのファイル「売上管理」が表示されます。

続けて、ピボットテーブルを配置する場所として「既存のワークシート」を選択します。「場所」には、ピボットテーブルの開始位置となるセル（ここではA1セル）を選択して、「OK」をクリックします（図8-14）。

ピボットテーブルを配置する場所に「新規ワークシート」を選択すると、新しい
シートを追加して、そこにピボットテーブルを作成できます。

図8-14　ピボットテーブルの配置場所を設定する

「ピボットテーブルのフィールド」作業ウィンドウが表示され、現在のシー
トのA1セルを開始位置としてピボットテーブルを作成できるようになりま
す（**図8-15**）。

図8-15　ピボットテーブルを作成できる状態になった

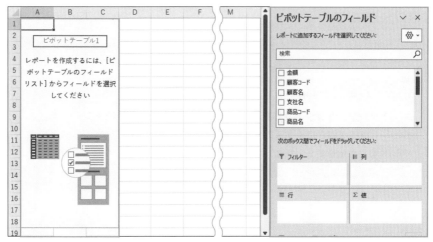

ピボットテーブルにフィールドを配置します。「ピボットテーブルのフィールド」作業ウィンドウのフィールドセクションから、「行」ボックスに「商品名」を、「列」ボックスに「日付」を、「値」ボックスに「金額」をそれぞれドラッグして追加すると（図8-16）、図8-8のようなピボットテーブルが完成します。

図8-16　Accessファイルから直接ピボットテーブルを作成できた

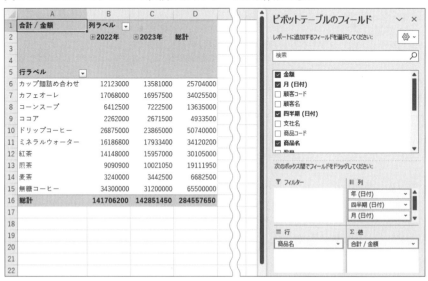

COLUMN　フィールド名をリストと同じ順に並べる

　「ピボットテーブルのフィールド」作業ウィンドウでは、フィールドリストの並び順がリストのフィールド名の順序とは異なります。次の操作でリストと同じ順序に変更すると、フィールドを探しやすくなります。

　まず、ピボットテーブル内のセルで右クリックし、表示されるメニューから「ピボットテーブルオプション」を選択します。表示された「ピボットテーブルオプション」ダイアログボックスで「表示」タブをクリックし、「データソース順で並べ替える」を選択して、「OK」をクリックします。

COLUMN ピボットテーブルの更新方法

ピボットテーブルの更新についての設定を変更するには、ピボットテーブル内の任意のセルをクリックし、「ピボットテーブル分析」タブの「データソースの変更」→「接続のプロパティ」を選択します。

「接続のプロパティ」ダイアログボックスの「使用」タブで「ファイルを開くときにデータを更新する」にチェックを入れると、ファイルを開いたときに、自動的にAccessでの変更がピボットテーブルに反映されます。

また、「定期的に更新する」にチェックを入れ、分単位で時間を設定すると、指定した時間が経過するたびにピボットテーブルが更新されます。

なお、初期設定では、更新が終了するまで他の編集作業ができませんが、「バックグラウンドで更新する」にチェックを入れると、ピボットテーブルの更新はバックグラウンドで実行されるため、その間もExcelの操作ができるようになります(図8-17)。

図8-17　更新の設定は変更できる

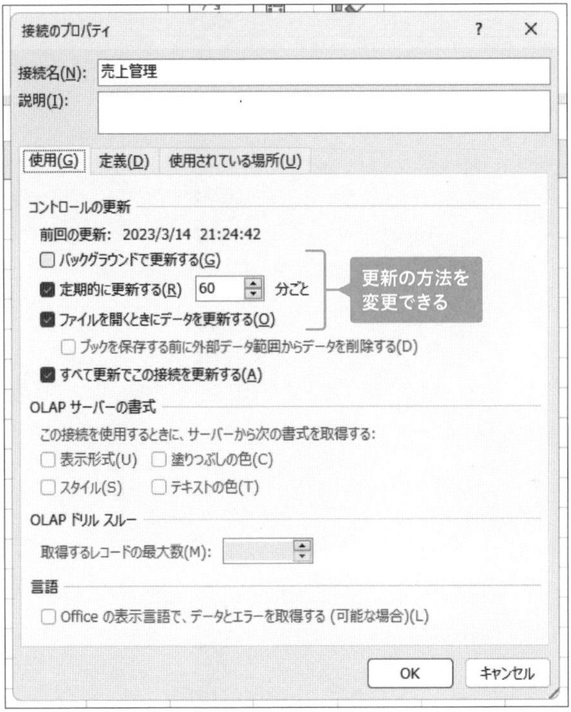

Accessでの変更をピボットテーブルに反映するには、ピボットテーブル内のセル
で右クリックし、表示されるメニューから「更新」を選択します。このとき、
Accessファイルは閉じておく必要があります。

ピボットテーブルのリストに指定したAccessファイルの保存場所を変更した場
合は、リンク切れになるトラブルを避けるために、次の手順で接続先情報を変更
する必要があります。
ピボットテーブル内の任意のセルをクリックし、「ピボットテーブル分析」タブの
「データソースの変更」→「接続のプロパティ」を選択します。「接続のプロパティ」
ダイアログボックスが開いたら、「定義」タブをクリックし、「参照」をクリックし
てリンク先ファイルを指定します。

0
1
2
3
4
5
6
7
8

ピ
ボ
ッ
ト
テ
ー
ブ
ル
を
高
度
に
活
用
す
る
（
P
o
w
e
r
P
i
v
o
t
）

8-2-1 複数の表からピボットテーブルを作成するには

ここまでは1つの表からピボットテーブルを作成してきましたが、複数の表をもとにピボットテーブルを作成して集計することもできます。まずは複数のテーブル（表）に分けてデータを管理する仕組みを理解しましょう。

複数の表に分けるとデータ管理が楽になる

　ピボットテーブルの集計元になるリストでは、「どの顧客が」、「何の商品を」、「何月何日に」、「いくつ購入したのか」といった多くの情報を1つの表でまとめて図8-18のように管理することが一般的です。

　ところが、こういった表は列（フィールド）の数も多く、データの件数が増えるにしたがって行数も膨大になります。そうすると入力の手間がかかり、必然的に入力ミスも発生します。また、顧客名や商品の単価といった情報が変更された場合は、修正箇所が多く、作業も膨大になります。

図8-18　1つのリスト（表）で売上を管理する場合

日付	顧客名	支社名	販売エリア	商品名	単価	数量	金額
2023/1/7	深田出版	本社	東京都内	ミネラルウォーター	820	120	98,400
2023/1/8	深田出版	本社	東京都内	コーンスープ	1,500	75	112,500
2023/1/9	寺本システム	本社	東京都内	ミネラルウォーター	820	150	123,000
2023/1/10	寺元システム	本社	東京都内	カップ麺詰め合わせ	1,800	150	270,000
2023/1/11	川越トラベル	さいたま支社	北関東	ミネラルウォーター	820	90	73,800
2023/1/12	川越トラベル	さいたま支社	北関東	ココア	1,300	60	78,000
2023/1/13	森本食品	さいたま支社	北関東	ドリップコーヒー	2,150	300	645,000
2023/1/14	森本食品	さいたま支社	北関東	カフェオーレ	1,700	300	510,000

入力ミスでデータにばらつきが生じる

同じ内容を繰り返し入力するため手間がかかる

　そこで、複数の表に分けてデータを管理します。なお、これまで見てきたリスト（単独の表）と区別するために、分けて管理する個々の表を「テーブル」と呼びます。

売上の情報を、同じ内容ごとに複数のテーブルに分けたものが**図8-19**になります。「顧客」、「商品」、「注文」、「明細」といったテーブルでは、1つひとつの表で扱う情報は限られますが、組み合わせれば**図8-18**の大きな表と同じ情報を持つことができます。また、「顧客名」や「商品名」のフィールドは、「顧客」テーブルや「商品」テーブルにそれぞれ1回だけ入力すればよくなるため、同じ顧客名や商品名を何度も入力する手間がなくなります。さらに、商品単価が変更されたら、「商品」テーブルの単価を訂正するだけで済むため、**修正作業が楽になる**メリットもあります。

図8-19　複数のテーブルに分けて売上を管理する場合

●顧客
顧客の情報を管理するテーブル

顧客コード	顧客名	支社名	販売エリア
101	深田出版	本社	東京都内
102	寺本システム	本社	東京都内
105	川越トラベル	さいたま支社	北関東
106	森本食品	さいたま支社	北関東

●商品
商品の情報を管理するテーブル

商品コード	商品名	単価
C1001	ドリップコーヒー	2,150
E1001	ミネラルウォーター	820
E1002	コーンスープ	1,500
E1003	カップ麺詰め合わせ	1,800

日付	顧客名	支社名	販売エリア	商品名	単価	数量	金額
2023/1/7	深田出版	本社	東京都内	ミネラルウォーター	820	120	98,400
2023/1/7	深田出版	本社	東京都内	コーンスープ	1,500	75	112,500
2023/1/8	寺本システム	本社	東京都内	ミネラルウォーター	820	150	123,000

注文コード	日付	顧客コード
1101	2023/1/7	101
1102	2023/1/8	102
1103	2023/1/9	103

明細コード	注文コード	商品コード	数量	金額
1	1101	E1001	120	98,400
2	1101	E1002	75	112,500
3	1102	E1001	150	123,000
4	1102	E1003	150	270,000

●注文
注文日、販売先など注文の概要を管理するテーブル

●明細
注文された商品の商品名、数量、金額などの明細を管理するテーブル

複数テーブルからピボットテーブルを作成するまでの流れ

このように売上などの情報を複数のテーブルに分けて、そこからピボットテーブルを作成するには、いくつかの段階に分けて作業する必要があります（図8-20）。

まずは、それぞれのテーブルに用意するフィールド（列）を決めます。このとき、**1つのテーブルでは1つの内容を表す**ように構成します。本書の例では、「注文の内容を表すテーブル」、「顧客の情報を表すテーブル」、「商品の情報を表すテーブル」、「注文の詳細を表すテーブル」の4つのテーブルを作成します。詳しい作成の方法は8-2-2で紹介します。

次に、4つのテーブルの情報をあたかも1つの表であるかのように互いに参照しあうための仕組みを作ります。この仕組みを**「リレーションシップ」**と言います。リレーションシップを設定したら、これらの4つのテーブルをもとにしてピボットテーブルを作成します。

図8-20　複数テーブルからピボットテーブルを作成するまでの流れ

テーブルを準備する（→ 8-2-3）

テーブル間にリレーションシップを設定する（→ 8-2-4）

ピボットテーブルを作成して集計する（→ 8-2-5）

⚡COLUMN PowerPivotの手法を使う

複数の表をもとにしてピボットテーブルを作成するには、「PowerPivot（パワーピボット）」と呼ばれる専門機能を利用します。ここから先は、PowerPivotの機能を使ったピボットテーブルの作成方法を紹介しています。なお、PowerPivotの機能はExcelに標準装備されているので、特別な準備をしなくてもすぐに利用できます。

8-2-2 リレーションシップについて 理解する

> 「リレーションシップ」とは、他のテーブルの情報を参照して、ほしいデータを取り出すために設定しておく仕組みのことです。複数テーブルから情報を正しく参照してピボットテーブルを作成するために必要になります。

リレーションシップの仕組み

　売上などのデータを複数テーブルに分けて適切に利用するには、「リレーションシップ」の知識が欠かせません。リレーションシップとは、他のテーブルの情報を参照してデータを取り出すために、あらかじめ設定しておくテーブル間の関連付けのことです。

　2つのテーブルの片方からもう片方のテーブルの情報を取り出すには、橋渡しをするために双方のテーブルに共通のフィールドを用意します。たとえば、図8-21の「注文」テーブルと「顧客」テーブルの例では、「顧客コード」が双方のテーブルに設けられています。注文があった顧客の情報を調べる際には、まず「注文」テーブルにある「顧客コード」を調べ、次に「顧客」テーブルで同じコード番号を検索して、該当する顧客名を割り出します。双方のテーブルに同じ「顧客コード」のフィールドがあるのはそのためです。

　このように、関連のあるテーブル間にリレーションシップを正しく設定しておくと、1つの表に入力している場合と同じように、商品名や単価、顧客名などを参照できるようになります。

　本書の例では、図のように4つのテーブルの間に3つのリレーションシップを作成します。これにより、すべてのテーブルがいずれかのテーブルとつながるため、ピボットテーブルを作成したときに、相互に情報を参照し、問題なく集計ができるようになります。

図8-21　リレーションシップの仕組み

「商品」テーブル

商品コード	商品名	単価
C1001	ドリップコーヒー	2,150
E1001	ミネラルウォーター	820
E1002	コーンスープ	1,500
E1003	カップ麺詰め合わせ	1,800

「明細」テーブルから「商品」テーブルの商品の情報を参照するためのリレーションシップ

「明細」テーブル

明細コード	注文コード	商品コード	数量	金額
1	1101	E1001	120	98,400
2	1101	E1002	75	112,500
3	1102	E1001	150	123,000
4	1102	E1003	150	270,000

「注文」テーブルから「明細」テーブルの注文の詳細を参照するためのリレーションシップ

「注文」テーブル

注文コード	日付	顧客コード
1101	2023/1/7	101
1102	2023/1/8	102
1103	2023/1/9	103

「注文」テーブルから「顧客」テーブルの顧客の情報を参照するためのリレーションシップ

「顧客」テーブル

顧客コード	顧客名	支社名	販売エリア
101	深田出版	本社	東京都内
102	寺本システム	本社	東京都内
105	川越トラベル	さいたま支社	北関東
106	森本食品	さいたま支社	北関東

リレーションシップを考慮してテーブルを準備しよう

図8-18のような表の情報を複数のテーブルに分けて管理するには、最初からリレーションシップを意識してテーブルを作る必要があります。

その際、1つのテーブルが1つの内容を扱うように大まかに分けると、「顧客に関する内容」、「商品に関する内容」、「注文に関する内容」、「注文の明細に関する内容」の4つのテーブルに分かれます。

次に、それぞれのテーブルに必要なフィールドを挙げて、そこにレコードを確実に区別するためにコード番号のフィールドを追加します。「顧客」テーブルには「顧客コード」、「商品」テーブルには「商品コード」、「注文」テーブルには「注文コード」、「明細」テーブルには「明細コード」がそれぞれ追加されることになります（**図8-22**）。

図8-22　リレーションシップを意識してテーブルを分ける

顧客の情報			注文の情報	注文明細の情報		商品	
顧客コード			注文コード	明細コード		商品コード	

顧客名	支社名	販売エリア	日付	数量	金額	商品名	単価

　さらに、関連のあるテーブル間では互いに情報を紐付けて調べることができるようにします。そこで、図8-22で追加したコード番号を、共通のフィールドとして参照先のテーブルにも追加します。

　「注文」テーブルには、誰が注文したのかを調べるために「顧客コード」を追加します。また、「明細」テーブルには、何の商品が注文されたのかを調べるために「商品コード」を、さらにどの注文における明細なのかを管理するために「注文コード」をそれぞれ追加します（図8-23）。

図8-23　関連のあるテーブル間の情報を紐付ける

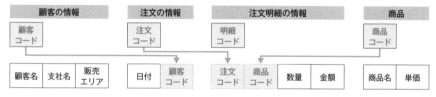

● ONE POINT

それぞれのテーブルに必要なフィールドが決まったら、その情報に沿って実際に集計用のデータを用意します。その際、テーブルごとにシートを分けて1つのファイルにまとめておきます。さらに、シート名を「注文」や「顧客」のようなテーブルの名前に変更しておくと、8-2-3以降の操作がスムーズに進められます。

8-2-3 テーブルを準備する

複数の表からピボットテーブルを作成するには、集計に使う表を「テーブル」に変換しておく必要があります。さらに、それぞれのテーブルには「注文」や「顧客」といった内容が伝わりやすい名前を付けておきます。

複数の表をピボットテーブルで利用できる状態にする

　複数テーブルのシートを用意したら、次にそれらの表を1つずつテーブル形式の表に変換します。「テーブル」とは、抽出や集計の操作をしやすくするために工夫された表のフォーマットのことです。あらかじめテーブルに変換しておかないと、複数の表からピボットテーブルを作成することはできません。

　図8-24では、テーブルに変換する前の表がBefore、テーブルに変換した結果がAfterのようになります。テーブルに変換すると、1行目の列見出しに目立つ書式が設定され、レコードは1行おきに塗りつぶしが設定された外観になります。

　さらに、テーブルのセル範囲には名前を設定できるので、簡潔で内容がわかる名前を付けておきます。なお、テーブルに変換する表は、「空の行・空の列で囲む」、「セル結合を使わない」など、2-1で紹介したリストのルールを守って作成しておく必要があります。また、表は1つのシートに1つずつ作成し、同じファイルにまとめておくと操作しやすくなります。

参照→ 3-5-3 リストをテーブル形式に変換する

図8-24 表をテーブルに変換する

Before

	A	B	C	D	E
1	顧客コード	顧客名	支社名	販売エリア	
2	101	深田出版	本社	東京都内	
3	102	寺本システム	本社	東京都内	
4	103	西山フーズ	新宿支社	東京都内	
5	104	吉村不動産	新宿支社	東京都内	
6	105	川越トラベル	さいたま支社	北関東	
7	106	森本食品	さいたま支社	北関東	
8	107	鈴木ハウジング	前橋支社	北関東	
9	108	デザインアルテ	浦安支社	南関東	
10	109	若槻自動車	横浜支社	南関東	
11	110	辻本飲料販売	横浜支社	南関東	
12					

After

	A	B	C	D	E
1	顧客コード ▼	顧客名 ▼	支社名 ▼	販売エリア ▼	
2	101	深田出版	本社	東京都内	
3	102	寺本システム	本社	東京都内	
4	103	西山フーズ	新宿支社	東京都内	
5	104	吉村不動産	新宿支社	東京都内	
6	105	川越トラベル	さいたま支社	北関東	
7	106	森本食品	さいたま支社	北関東	
8	107	鈴木ハウジング	前橋支社	北関東	
9	108	デザインアルテ	浦安支社	南関東	
10	109	若槻自動車	横浜支社	南関東	
11	110	辻本飲料販売	横浜支社	南関東	
12					

STEP 1 「顧客」の表をテーブルに変換する

ここでは、「顧客」、「商品」、「注文」、「明細」という4つのテーブルを作成します。

まず、「顧客」シートを表示しておきます。表内の任意のセルを選択し、「挿入」タブの「テーブル」をクリックします（図8-25）。

図8-25 「テーブルの作成」ダイアログボックスを開く

表の範囲が点滅し、同時に「テーブルの作成」ダイアログボックスが開きます。テーブルに変換するセル範囲の番地が表示されます。データ範囲と、「先頭行をテーブルの見出しとして使用する」にチェックが入っていることを確認して、「OK」をクリックします（図8-26）。

図8-26 データ範囲を確認してテーブルに変換する

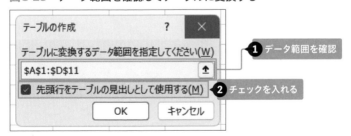

STEP 2 「顧客」テーブルに名前を付ける

これで、「顧客」シートの表の範囲がテーブルに変換されました。続けて、このテーブルに名前を設定します。「テーブルデザイン」タブの「テーブル名」の欄をクリックし、「顧客」と入力します（図8-27）。

図8-27 テーブル名を入力する

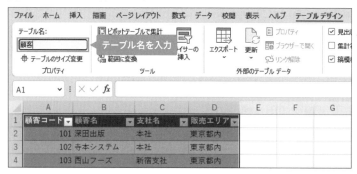

STEP 3 他の表をテーブルに変換する

同様にして、それ以外の3つのテーブルを作成し、シート名と同じ名前を設定します。

ここでは、それぞれ「商品」、「注文」、「明細」というテーブル名にしました（図8-28）。

図8-28 それぞれのテーブル名を入力する

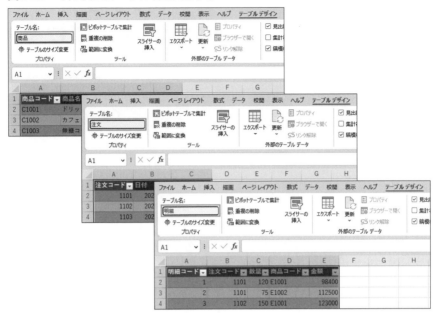

8-2-4 「リレーションシップ」でテーブル同士を関連付ける

> 8-2-3で表をテーブルに変換したら、次にテーブル同士を関連付けて情報を参照できるよう「リレーションシップ」を設定します。リレーションシップの設定は、テーブルを2つずつ選んで順に行います。

共通のフィールドを関連付ける

複数テーブルをもとにピボットテーブルで集計するには、あらかじめテーブルとテーブルの間に情報を参照するための紐付け作業を行います。これが「リレーションシップ」の設定です。

リレーションシップの設定は、関連のあるテーブルを2つ選び、**双方のテーブルに共通して存在するフィールドを関連付け**ます。図8-29は、「注文」テーブルと「顧客」テーブルの間に設定するリレーションシップの例です。

「注文」テーブルは、「『いつ』『誰から』注文を受けたか」を管理するテーブルです。販売先となる顧客の情報を「顧客」テーブルから参照することによって、「誰から」の部分の詳細な情報を得ることができます。「注文」テーブルと「顧客」テーブルの間の共通のフィールドは「顧客コード」なので、顧客コードからもう片方の顧客コードを結びつけると、リレーションシップを設定できます。

リレーションシップを設定する操作は、「リレーションシップの管理」ダイアログボックスで行います。

⚠ CAUTION

8-2-3で解説したように表をテーブルに変換しておかないと、リレーションシップを設定することができません。また、テーブル名を変更しなかった場合、リレーションシップは設定できますが、その後の操作で「テーブル1」のような初期設定の名前がそのまま表示されるため、テーブルの判別がしづらくなります。事前に8-2-3の操作を済ませておきましょう。

図8-29　リレーションシップ設定のイメージ

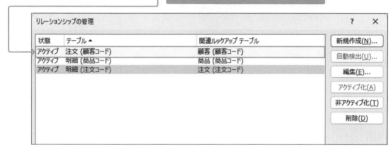

リレーションシップを設定する

リレーションシップを設定するには、いずれかのテーブル内の任意のセルを選択しておき、「データ」タブの「リレーションシップ」をクリックします（図8-30）。

図8-30　「リレーションシップの管理」ダイアログボックスを開く

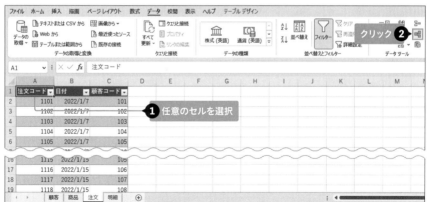

「リレーションシップの管理」ダイアログボックスが開いたら、図8-21で説明した3つのリレーションシップを1つずつ設定します。

まず、「新規作成」をクリックします（図8-31）。

図8-31　「リレーションシップの作成」ダイアログボックスを開く

「リレーションシップの作成」ダイアログボックスが開いたら、リレーションシップの設定対象である2つのテーブルの名前と、双方のテーブルにある共通のフィールド名を指定します。

最初に、「注文」テーブルと「顧客」テーブルの間のリレーションシップを設定しましょう。「テーブル」に「注文」を選択し、「列（外部）」に「顧客コード」を選択します。続けて、「関連テーブル」に「顧客」を選択し、「関連列（プライマリ）」に「顧客コード」を選択して、「OK」をクリックします（図8-32）。

図8-32　リレーションシップを作成する

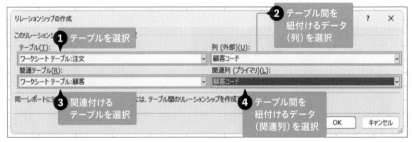

「リレーションシップの管理」ダイアログボックスに戻り、「注文」テーブルの「顧客コード」から「顧客」テーブルの「顧客コード」に設定されたリレーションシップが表示されます。再び「新規作成」をクリックし、同様にして他の2つのリレーションシップを作成します（図8-33）。

図8-33　再び「リレーションシップの作成」ダイアログボックスを開く

図8-34では、「明細」テーブルの「商品コード」と、「商品」テーブルの「商品コード」間のリレーションシップを設定しています。

「テーブル」に「明細」を選択し、「列（外部）」に「商品コード」を選択します。続けて、「関連テーブル」に「商品」を選択し、「関連列（プライマリ）」に「商品コード」を選択します。

図8-34　「明細」テーブルと「商品」テーブルのリレーションシップを作成する

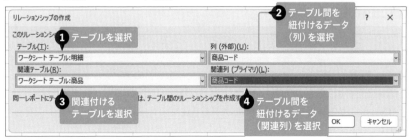

図8-35では、「注文」テーブルの「注文コード」と、「明細」テーブルの「注文コード」間のリレーションシップを設定しています。

「テーブル」に「注文」を選択し、「列（外部）」に「注文コード」を選択します。続けて、「関連テーブル」に「明細」を選択し、「関連列（プライマリ）」に「注文コード」を選択します。

図8-35 「注文」テーブルと「明細」テーブルのリレーションシップを作成する

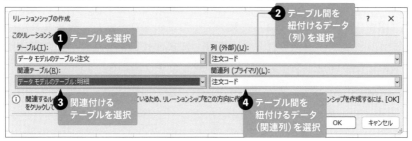

「リレーションシップの管理」ダイアログボックスに、設定した3つのリレーションシップが表示されるのを確認し、「閉じる」をクリックします（図8-36）。

図8-36 3つのリレーションシップを設定できた

COLUMN 「テーブル」と「関連テーブル」の意味

「リレーションシップの作成」ダイアログボックスで、「テーブル」と「関連テーブル」の欄にテーブル名を指定する際は、参照する情報が格納されたテーブルを「関連テーブル」に指定し、「テーブル」にはそうではない方のテーブルを指定します。

図8-37では、顧客の情報を管理している「顧客」テーブルが「関連テーブル」となり、そこから情報を引き出して利用する「注文」テーブルが「テーブル」になります。

また、2つのテーブル間の共通フィールドのうち、テーブル内でレコードを区別するために設定されたコード番号のフィールドを「関連列（プライマリ）」に、そうではない方のコード番号のフィールドを「列（外部）」に指定します。

　図では、「顧客」テーブルの「顧客コード」は、顧客データを確実に区別するためのもので、重複なく設定されているため「関連列（プライマリ）」になります。一方、「注文」テーブルの「顧客コード」は、顧客テーブルから該当する顧客の情報を探す際に使うために設定されたもので「列（外部）」となります。

　なお、リレーションシップを設定する際は、「テーブル」と「関連テーブル」のテーブル名が入れ替わっていても、Excelが自動的に訂正して設定するため問題はありません。参考程度に知っておくとよいでしょう。

図8-37　「テーブル」と「関連テーブル」の考え方

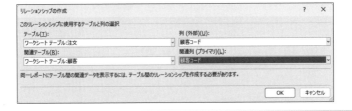

●テーブル
共通フィールドが「列（外部）」である方のテーブル

●関連テーブル
主に商品や顧客など、参照する情報を管理するテーブル

注文コード	日付	顧客コード
1101	2023/1/7	101
1102	2023/1/8	102
1103	2023/1/9	103

顧客コード	顧客名	支社名	販売エリア
101	深田出版	本社	東京都内
102	寺本システム	本社	東京都内
105	川越トラベル	さいたま支社	北関東

●列（外部）
関連テーブルから情報を参照するために用意したコード番号の列

●関連列（プライマリ）
テーブルのレコードを区別するために重複しないように設定されたコード番号の列

リレーションシップの作成　　　　　　　　　　　　　? ✕

このリレーションシップに使用するテーブルと列の選択

テーブル(T)：
ワークシート テーブル:注文

列（外部）(U)：
顧客コード

関連テーブル(R)：
ワークシート テーブル:顧客

関連列（プライマリ）(L)：
顧客コード

同一レポートにテーブル間の関連データを表示するには、テーブル間のリレーションシップを作成する必要があります。

OK　　キャンセル

8-2-5 複数テーブルからピボットテーブルを作成する

複数のテーブルをもとにピボットテーブルを作成すると、異なるテーブル間でフィールドを連結させ、1つの表をリストに指定した場合と同じように集計できます。なお、事前にテーブル間にリレーションシップを設定しておく必要があります。

複数テーブルのデータをピボットテーブルで集計する

「顧客」、「商品」、「注文」、「明細」の4つのテーブルの情報を使ってピボットテーブルを作成し、商品別の売上金額の合計をそれぞれの支社ごとに求めてみましょう（テーブル間にリレーションシップを設定してあることが前提です）。

テーブルの作成やリレーションシップの設定が正しく行われていれば、通常の場合と同様の手順で、図8-38のようなピボットテーブルを作成できます。

参照→ **8-2-3** テーブルを準備する

参照→ **8-2-4**「リレーションシップ」でテーブル同士を関連付ける

図8-38 複数テーブルのデータをピボットテーブルで集計する

⚠ CAUTION

複数テーブルから作成したピボットテーブルでは、集計フィールド、集計アイテムの設定など一部の機能を利用できません。

STEP1 複数テーブルからピボットテーブルを作成する

　集計元となるテーブルが保存されたファイルを開き、いずれかのテーブル内の任意のセルを選択して、「挿入」タブの「ピボットテーブル」をクリックします（図8-39）。

図8-39　新規ピボットテーブルを作成する

　「テーブルまたは範囲からのピボットテーブル」ダイアログボックスが開き、「テーブル/範囲」に現在選択しているテーブル名が表示されます。ピボットテーブルの配置場所に「新規ワークシート」が選択されていることを確認し、「このデータをデータモデルに追加する」にチェックを入れて「OK」をクリックします（図8-40）。

図8-40　複数テーブルからピボットテーブルを作成する設定

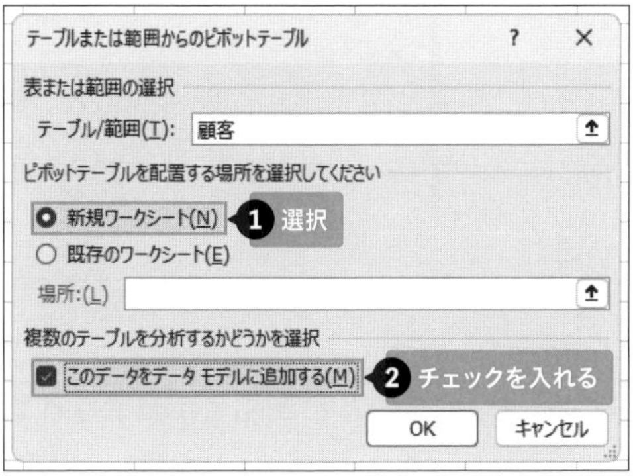

STEP 2 ピボットテーブルにフィールドを配置する

　ここまでの操作で、新規シートが追加され、ピボットテーブルの領域と
「ピボットテーブルのフィールド」作業ウィンドウが表示されます。作業ウィ
ンドウ上部の「すべて」をクリックすると、フィールドセクションに「顧客」、
「商品」、「注文」、「明細」の4つのテーブルが表示されます。

　行ラベルに「商品名」フィールドを追加するため、「商品」フィールドがあ
る「商品」テーブルをクリックします（図8-41）。

図8-41　行ラベルに追加するテーブルをクリックする

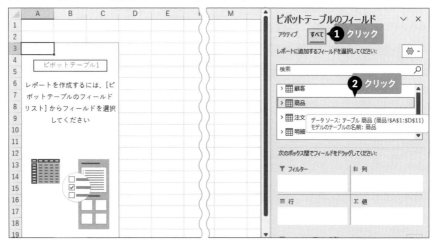

　フィールドセクションに「商品」テーブルのフィールドが展開されます。
「商品名」を行ボックスまでドラッグすると、行ラベルに商品名が表示されま
す（図8-42）。

図8-42　テーブルを展開してフィールドをボックスにドラッグする

　次に、列ラベルに「支社名」フィールドを追加するため、「支社名」フィールドがある「顧客」テーブルをクリックします。フィールドセクションに「顧客」テーブルのフィールドが展開されたら、「支社名」を列ボックスまでドラッグすると、列ラベルに支社名が表示されます（**図8-43**）。

図8-43　列ラベルに「支社名」を追加する

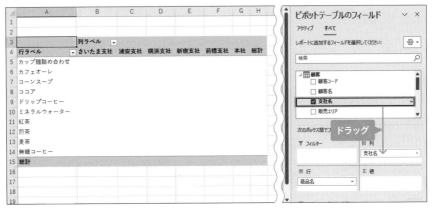

　最後に、「値」の欄に「金額」フィールドの合計を表示します。「金額」フィールドがある「明細」テーブルをクリックし、フィールドセクションに「明細」テーブルのフィールドが展開されたら、「金額」を値ボックスまでド

ラッグします（**図8-44**）。

これで金額の合計が表示され、ピボットテーブルが完成します。

図8-44　「値」ボックスに「金額」を追加する

/CAUTION

8-2-4の手順を飛ばしてリレーションシップを設定せずにピボットテーブルを作成すると、正しい集計結果が表示されません。この場合は、「ピボットテーブルのフィールド」作業ウィンドウにテーブル間のリレーションシップが必要である、というメッセージが表示されます（**図8-45**）。「作成」をクリックすると「リレーションシップの作成」ダイアログボックスが表示されるので、8-2-4の手順でリレーションシップを設定しましょう。

図8-45　リレーションシップが設定されていない場合

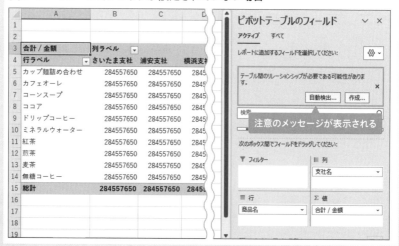

◗ ONE POINT

複数テーブルから作成したピボットテーブルを更新するには、ピボットテーブル
内のセルで右クリックして「更新」を選択します。なお、「注文」、「顧客」、「商品」、
「明細」の各テーブルは、テーブル形式に変換した表なので、レコードを追加した
場合は、自動的にピボットテーブルのもととなるテーブルの範囲も拡大されます。
「3-5-2」で紹介したように、更新時にデータソースのセル範囲を手作業で変更す
る必要はありません。

参照→ 3-5-2 リストにレコードを追加後、ピボットテーブルを更新す
る

参照→ 3-5-4 リストがテーブル形式のピボットテーブルを更新する

目 的 別 **I N D E X**

目的別索引

目的別索引

INDEX

索引

349

索引

著者プロフィール

木村 幸子 （きむら・さちこ）

フリーランスのテクニカルライター。電機メーカーのソフトウェア部門においてマニュアルの執筆、制作に携わる。その後、パソコンインストラクター、編集プロダクション勤務を経て独立。現在はMicrosoft Officeを中心としたIT系書籍の執筆、インストラクションで活動中。近著に『Excelデータ分析の「引き出し」が増える本』など。

● Webサイト　www.itolive.com/

装丁・本文デザイン■■■■■■ 大下 賢一郎
DTP ■■■■■■■■■■■■■ 株式会社 シンクス

Excel ピボットテーブル
データ集計・分析の「引き出し」が増える本　第2版

2023年 7月10日　初版第1刷発行

著　者 ■■■■■■■■■■■■■ 木村 幸子
発行人 ■■■■■■■■■■■ 佐々木 幹夫
発行所 ■■■■■■■■■■ 株式会社 翔泳社（https://www.shoeisha.co.jp）
印刷・製本 ■■■■■■■■■■ 株式会社 広済堂ネクスト

ISBN978-4-7981-7873-8　　　　　　　　　　　　　　　　Printed in Japan